智能系统与技术丛书

Deep Learning in Action

深度学习

主流框架和编程实战

赵涓涓 强彦 主编

机械工业出版社
China Machine Press

图书在版编目（CIP）数据

深度学习：主流框架和编程实战 / 赵涓涓，强彦主编 . —北京：机械工业出版社，2018.3
（智能系统与技术丛书）

ISBN 978-7-111-59239-6

I. 深… II. ①赵… ②强… III. 学习系统 IV. TP273

中国版本图书馆 CIP 数据核字（2018）第 036265 号

深度学习：主流框架和编程实战

出版发行：机械工业出版社（北京市西城区百万庄大街 22 号 邮政编码：100037）
责任编辑：佘 洁
责任校对：李秋荣
印 刷：北京市荣盛彩色印刷有限公司
版 次：2018 年 4 月第 1 版第 1 次印刷
开 本：186mm × 240mm 1/16
印 张：13.75
书 号：ISBN 978-7-111-59239-6
定 价：59.00 元

凡购本书，如有缺页、倒页、脱页，由本社发行部调换
客服热线：（010）88379426 88361066
投稿热线：（010）88379604
购书热线：（010）68326294 88379649 68995259
读者信箱：hzit@hzbook.com

PREFACE

前　言

自20世纪80年代以来，机器学习已经在算法、理论和应用等方面取得了巨大成功，广泛应用于产业界与学术界。简单来说，机器学习就是通过算法使得机器能从大量历史数据中学习规律，从而对新的样本完成智能识别或对未来做预测。深度学习是一种机器学习方法，在一些最新的研究领域和新的应用背景下，可用数据量的激增、计算能力的增强以及计算成本的降低为深度学习的快速发展铺平了道路，同时也为深度学习在各大领域的应用提供了支撑。自AlphaGo被提出并成功击败职业围棋手后，“深度学习”这一概念快速进入人们的视野并在业界引起了轰动，其因强大的特征提取能力以及灵活性在国内外各大企业中掀起一阵狂潮，在语音识别、图像识别和图像处理领域取得的成果尤为突出。

本书是以实践案例为主的深度学习框架结合编程实战的综合性著作，将带领读者逐步掌握深度学习需要的数据处理、调整参数、运行实例和二次编码，不仅帮助读者理解理论知识，而且能够使读者熟练掌握各种深度学习框架下的编程控制。本书配有大量的实践案例，既便于课堂教学，又便于学生自学。此外本书还配有同步PPT课件和程序源码，可供教师进行实验课程辅导。

本书介绍了四种深度学习框架（TensorFlow、Caffe、Torch、MXNet）的运行原理，配合实例介绍了框架的详细安装、程序设计、调参和二次接口的详细编程过程，引领读者完整搭建深度学习框架，相信本书能够从实战的角度帮助读者快速掌握和提高深度学习编程的技能。

全书内容可分为绪论、四大框架、迁移学习和并行计算/交叉验证四大部分，共7章。

第1章讨论深度学习与机器学习的关系、深度学习与统计学的关系、深度学习框架、深度学习中涉及的优化方法以及对深度学习的展望五个方面的内容，从理论上对深度学习进行全面深刻的剖析，旨在为后续学习提供理论铺垫与指导。

第 2 章对 TensorFlow 深度学习框架进行详细介绍，主要包括 TensorFlow 运作原理、模型构建、框架安装，并进一步介绍了 TensorFlow 框架下具体网络的图像分类编程实现以及详细代码的解读。

第 3 章从理论与实战两方面对 Caffe 深度学习框架的发展、结构以及具体的搭建过程进行详细介绍，并在 Caffe 深度学习框架下构建全卷积神经网络（Fully Convolutional Network，FCN)，用该网络进行图像语义分割的实战编程，对该案例程序代码进行详细解读。

第 4 章介绍 Torch 深度学习框架的基础知识，同时介绍 Torch 深度学习框架中使用的 Lua 语言；按照 Torch 框架的安装过程，以一个具体的目标检测实例为出发点，详细介绍 Torch 的类和包的用法以及构建神经网络的全过程，最后介绍 Faster R-CNN 的方法和实例。

第 5 章对 MXNet 框架进行详细介绍，包括 MXNet 的基本概念和特点、MXNet 的安装过程等，利用自然语言处理的实例来进一步展示 MXNet 在深度学习方面的应用实战。

第 6 章介绍迁移学习发展、迁移学习的类型与模型，并以实际案例对迁移学习的过程进行详细介绍与分析。

第 7 章在深度学习的背景下分别对并行计算和交叉验证这两种方法进行详细介绍。

本书既可作为大学本科、研究生相关专业教材，也适用于各种人工智能、机器学习的培训与认证体系，同时可供广大深度学习开发人员参考。

本书由多人合作完成，其中，第 1 章由太原理工大学强彦编写，第 2 章由太原理工大学赵涓涓编写，第 3 章由太原理工大学王华编写，第 4 章由太原理工大学肖小娇编写，第 5 章由晋中学院董云云编写，第 6 章由太原理工大学马瑞青编写，第 7 章由大同大学傅文博编写，全书由强彦审阅。

本书在撰写过程中得到了赵鹏飞、罗嘉滢、肖宁、高慧明、吴保荣等项目组成员和业内专家的大力支持和协助，在此一并表示衷心的感谢！

由于作者水平有限，不当之处在所难免，恳请读者及同仁赐教指正。

CONTENTS

目　录

CHAPTER 1

第1章 绪论

近些年，深度学习因在许多领域都取得了耀眼的成绩和突破性的进展而受到学术界及工业界的广泛关注，本章将分别从深度学习与机器学习的关系、深度学习与统计学的关系、深度学习框架、深度学习中涉及的优化方法以及深度学习展望五个方面对深度学习进行全面深刻的剖析，旨在为后续学习提供理论铺垫与指导。

1.1 机器学习与深度学习

斯坦福大学终身教授、ImageNet 数据库的缔造者、现任 Google Cloud 首席科学家的华裔科学家李飞飞认为“人工智能将成为新的生产力，成为第四次工业革命的主要推动力之一”。人工智能重在实现机器智能，实现的方式为机器学习。作为人工智能的重要分支，机器学习主要研究的是如何使机器通过识别和利用现有知识来获取新知识和新技能。自 20 世纪 80 年代以来，机器学习已经在算法、理论和应用等方面都取得巨大成功，而被广泛应用于产业界与学术界。简单来说，机器学习就是通过算法使得机器能从大量历史数据中学习规律，从而对新的样本完成智能识别或对未来做预测。

而深度学习是机器学习的一个分支和新的研究领域，如今在大数据的背景下，可用数据量的激增、计算能力的增强以及计算成本的降低为深度学习的进一步发展提供了平台，同时也为深度学习在各大领域中的应用提供了支撑。自 AlphaGo 被提出并成功击败职业围棋手后，“深度学习”这一概念快速进入人们的视野并在业界引起了轰动，其因强大的特征提取能力以及灵活性而在国内外各大企业中掀起一阵狂潮，在语音识别、图像识别和图像处理领域取得的成果尤为突出。深度学习的本质在于利用海量的训练数据（可为无标签数据），通过构建多隐层的模型，去学习更加有用的特征数据，从而提高数据分类效果，提升预测结果的准确性。

本节将从时期阶段发展和模型结构发展的角度介绍机器学习与深度学习之间的关系，并在此基础上从六个方面对机器学习和深度学习进行对比，从而进一步阐述二者之间的关系。

1.1.1 机器学习与深度学习的关系

机器学习的发展历程大致可以分为五个时期，而伴随着机器学习的发展，深度学习共出现三次浪潮。接下来，以机器学习的发展作为主线来介绍不同时期机器学习与深度学习之间的关系。

第一个时期从20世纪50年代持续至20世纪70年代，由于在此期间研究人员致力于用数学证明机器学习的合理性，因此称之为“推理期”。在此期间深度学习的雏形出现在控制论中，随着生物学习理论的发展与第一个模型的实现（感知机，1958年），其能实现单个神经元的训练，这是深度学习的第一次浪潮。

第二个时期从20世纪70年代持续至20世纪80年代，由于在这个阶段费根鲍姆（Edward Albert Feigenbaum）等机器学习专家认为机器学习就是让机器获取知识，因此称之为“知识期”，在此期间深度学习主要表现在机器学习中基于神经网络的连接主义。

第三个时期从20世纪80年代持续至20世纪90年代，这个时期的机器学习专家主张让机器“主动”学习，即从样例中学习知识，代表性成果包括决策树和BP神经网络，因此称这个时期为“学习期”。在此期间深度学习仍然表现为基于神经网络的连接主义，而其中BP神经网络的提出为深度学习带来了第二次浪潮。其实在此期间就存在很好的算法，但由于数据量以及计算能力的限制致使这些算法的良好效果并没有展现出来。

第四个时期从 20 世纪初持续至 21 世纪初，这时的研究者们开始尝试用统计的方法分析并预测数据的分布，因此称这个时期为“统计期”，这个阶段提出了代表性的算法——支持向量机。而此时的深度学习仍然停留在第二次浪潮中。

第五个时期从 20 世纪初持续至今，在这个时期神经网络再一次被机器学习专家重视。2006 年 Hinton 及其学生 Salakhutdinov 发表的论文《Reducing the Dimensionality of Data with Neural Networks》标志着深度学习的正式复兴，该时期掀起深度学习的第三次浪潮，同时在机器学习的发展阶段中被称为“深度学习”时期。此时，深度神经网络已经优于与之竞争的基于其他机器学习的技术以及手工设计功能的 AI 系统。而在此之后，伴随着数据量的爆炸式增长与计算能力的与日俱增，深度学习得到了进一步的发展。

根据机器学习的模型结构，认为机器学习有两次里程碑式的变革。第一次变革为浅层学习，所谓浅层学习是指网络层数较少（多为一层）的人工神经网络。称其为第一次变革主要是因为在此阶段提出了反向传播算法，该算法的提出可以使人工神经网络模型从大量的训练样本中“学习”出统计规律，从而对未知事件做出预测。第二次变革为深度学习，区别于浅层神经网络，深度学习强调了模型结构的深度，同时明确突出了特征学习的重要性，即通过逐层特征变换，将样本在原空间的特征变换到一个新特征空间，从而更加容易地进行分类或预测。

总之，无论从发展历程的角度还是从模型结构的角度出发，深度学习都与机器学习息息相关，并且在机器学习领域中占有重要地位，影响着机器学习的发展趋势。

1.1.2　传统机器学习与深度学习的对比

传统机器学习与深度学习在理论与应用上都存在差异，下面将分别从数据依赖、硬件支持、特征工程、问题解决方案、执行时间以及可解释性这六个方面对传统机器学习与深度学习的差别进行比较。

数据依赖：深度学习和传统机器学习最重要的区别是前者的性能随着数据量的增加而增强。如果数据很少，深度学习算法性能并不好，这是因为深度学习算法需要通过大量数据才能很好地理解其中蕴含的模式。在这种情况下，使用人工指定规则的传统机器学习占据上风。

硬件支持：深度学习算法严重依赖于高端机，而传统机器学习在低端机上就可以运行。因为深度学习需要进行大量矩阵乘法操作，而GPU可以有效优化这些操作，所以GPU成为其中必不可少的一部分。

特征工程：特征工程将领域知识输入特征提取器，降低数据复杂度，使数据中的模式对学习算法更加明显，并得到更优秀的结果。从时间和专业性方面讲，这个过程开销很大。在机器学习中，大多数使用的特征都是由专家指定或根据先验知识来确定每个数据域和数据类型。比如，特征可以是像素值、形状、纹理、位置、方向。大多数传统机器学习方法的性能依赖于识别和抽取这些特征的准确度。

问题解决方案：当使用传统机器学习方法解决问题时，经常采取化整为零，分别解决，再合并结果的求解策略。而深度学习主张端到端的模型，即输入训练数据，直接输出最终结果，让网络自己学习如何提取关键特征。如图1-1所示为传统机器学习和深度学习对比流程图。

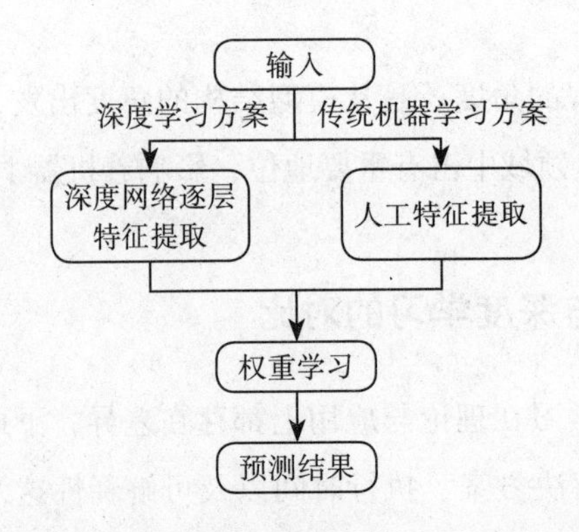

图1-1　传统机器学习和深度学习对比流程图

执行时间：深度学习需要进行很长时间的训练，因为深度学习中很多参数都需要进行远超正常水平的时间训练，如ResNet大概需要两周时间从零开始完成训练，而机器学习只需要从几秒到几小时不等的训练时间。测试所需要的时间就完全相反，深度学习算法运行只需要很少的时间。

可解释性：假定使用深度学习给文章自动评分，会发现性能很不错，并且接近人类评分水准，但它不能解释为什么给出这样的分数。在运行过程中可以发现深度神经网络的哪些节点被激活，但不知道这些神经元是对什么进行建模以及每层在干什么，所以无法解释结果。另一方面，机器学习算法如决策树按照规则明确解释每一步做出选择的原因，因此像决策树和线性 / 逻辑回归这类算法由于可解释性良好，在工业界应用很广泛。

1.2　统计学与深度学习

统计学是一门古老的学科，其作为机器学习的理论基础这一事实在从 20 世纪 60 年代就开始被学术界所认可。直到 20 世纪 90 年代，伴随着统计学理论的基本成熟，研究者们开始尝试用统计学的方法分析并预测数据的分布，由此产生了著名的支持向量机算法，如今这种算法已被广泛应用于数据分析、模式识别、回归分析等各个领域。

1.2.1　统计学与深度学习的关系

深度学习作为机器学习中重要的分支，因此与统计学同样具有密不可分的关系。通常可以将统计学分为两大类，分别为用于组织、累加和描述数据中信息的描述统计学和使用抽样数据来推断总体的推断统计学。深度学习则是通过大量的样本数据学习总体规则的方法，可见深度学习是统计学对实践技术的延伸。

另外，实际的应用领域中经常需要处理的数据都具有随机性和不确定性，对这些数据最好的描述方式就是通过概率来进行描述。例如，在图像识别中，若要对模糊或残缺的图像进行识别，即在不确定的条件下实现图像的正确识别，基于统计学的深度学习由于可以处理数据的随机性以及不确定性，因此可以在恶劣的条件下实现图像的精准识别。

深度学习的特点在于先设计能够自我学习的神经网络，然后将大量的数据输入网络中进行训练，通过训练神经网络能够从数据集中学到数据的内在结构和规律，从而对新数据做出预测。

从统计学的角度来看，深度学习用来训练的数据集即为样本，学习的过程即为对总体信息进行估计。对于无监督学习来说，每一个输入样本是一个向量，学习过程相当于要估计出总体的概率分布。而对于监督学习来说，每个输入样本 x 还对应一个期望的输出值 y，称为 label 或 target，那么学习的过程相当于要估计出总体的条件概率分布。这样，当系统遇到新的样本时，就能给出对应的预测值 y。

1.2.2 基于统计的深度学习技术

最典型的基于统计的深度学习技术有受限玻耳兹曼机以及生成对抗式网络。

受限玻耳兹曼机（Restricted Boltzmann Machine，RBM）是一种可用随机神经网络来解释的概率图模型。随机神经网络的核心在于在网络中加入概率因素，而其中的随机是指这种网络中的神经元是随机神经元，其输出只有两种状态（0 或 1），而状态的取值根据概率统计的方法确定。RBM 属于深度学习中常用的模型或方法，其结构如图 1-2 所示。

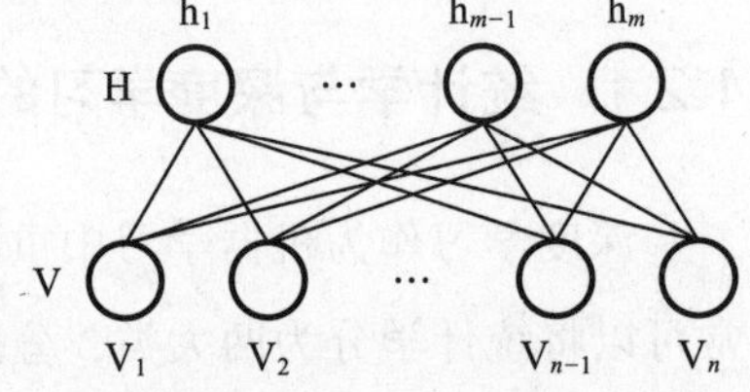

图 1-2 RBM 结构图

其中，下层为输入层，包括 n 个输入单元 v_n，用来表示输入数据；上层为隐藏层，包含 m 个隐藏层单元 h_m，RBM 具有层内无连接、层间全连接的特征，这一特点可以保证 RBM 各层之间的条件独立性。

由于 RBM 为概率模型，而训练 RBM 网络的实质就在于能够使 RBM 所表达出的概率分布尽可能接近真实样本的分布。而实现这个目的 RBM 经典训练算法就是对比散度（Contrastive Divergence，CD）算法，即在每次训练过程中，以数据样本为初始值，通过 Gibbs 采样获取目标分布的近似采样，然后通过近似采样获得目标梯度，取得最终的结果。简单来说，统计学在受限玻耳兹曼机中的应用过程为对图像进行联合分布概率的描述，通过训练可以使 RBM“学”到输入数据的统计规律，从而达到提取特征的目的。

RBM 网络是以统计学为基础进行构建和训练的，是最典型的基于统计的深度学习技术。

生成对抗式网络（Generative Adversarial Networks，GAN）是一种新型网络，是由 Goodfellow 等人在 2014 年提出来的。其基本思想源自博弈论中的二人零和博弈，网络模型由一个生成网络和一个判别网络构成，生成网络用来学习样本的真实分布并用服从某一分布（高斯分布或均匀分布）的噪声生成新的数据分布，判别网络用来判别输入是真实样本还是生成网络生成的样本，通过生成网络与判别网络的对抗学习进行网络的训练。GAN 的优化过程是极小极大博弈（Minimax game）问题，具体是指判别网络的极大化（即判别网络要尽可能区分真实样本和生成网络生成的样本）和生成网络的极小化，即生成网络生成的样本要尽可能“欺骗”判别网络，使其认为是真实的样本，优化目标为达到纳什均衡，使生成网络估测到数据样本的分布。GAN 的计算流程与结构如图 1-3 所示。

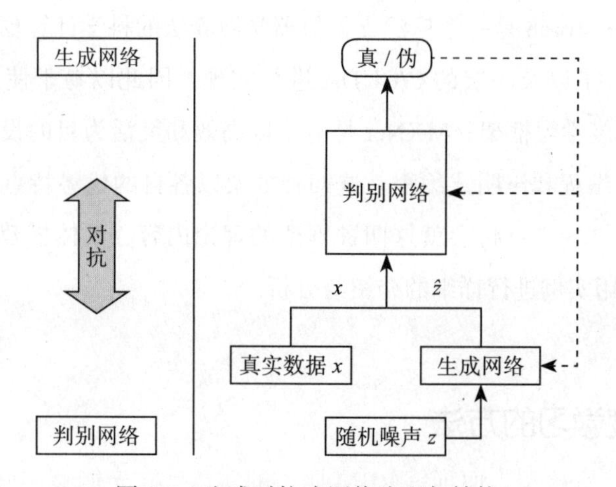

图 1-3　生成对抗式网络流程与结构

生成对抗式网络作为一种基于统计学的新型深度学习技术，通过模型学习来估测其潜在分布并生成同分布的新样本，被广泛应用于图像和视觉、语音与语言、信息安全等领域，如今许多研究者试图将其与强化学习结合进行进一步的研究。

作为深度学习的重要理论基础，未来统计学还有非常大的发展空间。因为深度学习模型具有较好的非线性函数表示能力，根据神经网络的通用近似理论（universal approximation theory）可知，对于任意的非线性函数一定可以找到一个深度学习网络来对其进行表示，但是“可表示”并不代表“可学习”，因此需要进一步了解深度学习的样本复杂度，即需要多少训练样本才能得到一个足够好的深度学习模型。这些问题都有待于从理论层面进行突破，统计学对深度学习的进一步发展有着十分重要的意义。

1.3 本书涉及的深度学习框架

随着深度学习技术的不断发展，越来越多的深度学习框架得到开发。目前，最受研究人员青睐的深度学习框架有 TensorFlow、Caffe、Torch 和 MXNet。TensorFlow 框架作为一个用于机器智能的开源软件库，以其高度的灵活性、强大的可移植性等特点而成为目前深度学习的主流框架之一；而对于 Caffe，研究者可以按照该框架定义各种各样的卷积神经网络框架，该框架以表达方便、速度快、组件模块化等优势同样成为当今常用的深度学习网络框架；Torch 是一个广泛支持机器学习算法的科学计算框架，其使用简单快速的脚本语言 LuaJIT 以及底层的 C/CUDA 进行实现，因此以易于使用且高效的特点而成为当下流行的深度学习框架；MXNet 是一个以高效和灵活为目的设计的开源深度学习框架，支持命令式编程和声明式编程。这四种框架以各自的优势特点而受到广大研究者的认可，在本书第 2 ～ 5 章将会就这四种框架的理论内容、具体搭建过程（包括涉及的代码描述）以及应用实例进行详细的介绍与分析。

1.4 优化深度学习的方法

目前，深度学习在多种目标分类和识别任务中取得优于传统算法的结果，并产生大量优秀的模型，使用迁移学习方法将优秀的模型应用在其他任务中，可以达到在减少深度学习训练时间的前提下，提升分类任务性能，同时降低对训练集规模的依赖，关于迁移学习及其实例分析将在第 6 章进行详细介绍。

除此之外，随着深度学习模型中网络层数的加深、参数的增多、计算量的加大，计算速度慢、资源消耗多的问题逐渐成为不可忽视的挑战，以保证深度学习训练精度的同时加快训练速度为目的的并行计算与交叉验证运用而生，这两种方法的详细介绍以及实例分析将在第 7 章进行。

1.5 深度学习展望

随着硬件计算能力的提升以及大规模数据集的出现，深度学习已经成为机器学习中一个重要的领域，下面对深度学习的一些模型进行介绍。

卷积神经网络（Convolutional Neural Network，CNN）是一类适用于处理图像数据的多层神经网络。CNN 从生物学上的视觉皮层得到启发：视觉皮层存在微小区域的细胞对于特定区域的视野十分敏感，这就对应着 CNN 中的局部感知区域。在 CNN 中，图像中的局部感知区域被当作层次结构中的底层输入数据，信息通过前向传播经过网络中的各个层，每一层都由过滤器构成，以便能够获得观测数据的一些显著特征，局部感知区域能够获得一些基础的特征，还能提供一定程度对位移、拉伸和旋转的相对不变性。CNN 通过结合局部感知区域、共享权重、空间或者时间上的降采样来充分利用数据本身包含的局部性等特征，优化网络结构；通过挖掘数据空间上的相关性，来减少网络中可训练参数的数量，以达到改进反向传播算法效率。

长短期记忆（Long Short-Term Memory，LSTM）网络主要适用于处理序列数据。LSTM 网络是一种特殊的 RNN（循环神经网络），但网络本质与 RNN 是一样的。在传统的神经网络模型中，网络的传输是从输入层到隐藏层再到输出层，层与层之间是全连接的，每层之间的节点是无连接的。这其中存在一定的问题，即传统的神经网络对于处理时序问题无能为力。LSTM 网络可以解决长时期依赖的问题，主要是因为 LSTM 网络有一个处理器，其中放置了“三扇门”，分别称为输入门、遗忘门和输出门。一个信息进入 LSTM 网络当中，可以根据规则来判断是否有用，只有符合算法认证的信息才会留下，不符合的信息则通过遗忘门被“遗忘”。所以可以很好地处理序列数据。

受限玻耳兹曼机（RBM）是一种用随机神经网络来解释的概率图模型。RBM 适用于处理语音、文本类数据。当使用RBM建立语音信号模型时，该模型使用对比散度（CD）算法进行有效训练，学习与识别任务关联性更高的特征来更好地得到信号的值。在文档分类问题中，直接将不规范的文档内容作为输入会产生过高的输入数据维数，而无法对其进行处理，因此有必要对文档进行预处理，选择词组出现的频率作为特征项以提取能够表示其本质特征的数据，使用RBM可从原始的高维输入特征中提取可高度区分的低维特征，然后将其作为支持向量机的输入进行回归分析，从而实现对文档的分类。

生成对抗式网络（GAN）适用于处理图像数据，估计样本数据的分布，解决图片生成问题。GAN包含一个生成模型（Generative Model）G和一个判别模型（Discriminative Model）D，生成模型G捕捉样本数据的分布，即生成图片；判别模型D是一个二分类器，判别图片是真实数据还是生成的。在训练过程中，首先固定一方，再更新另一个模型的参数，以此交替迭代，直至生成模型与判别模型无法提高自己，即判别模型无法判断一张图片是生成的还是真实的。模型的优化过程是一个二元极小极大博弈问题，在G和D的任意函数空间中，存在一个唯一的解，G恢复训练数据分布，D在任何地方都等于0.5。该网络可以为模拟型强化学习做好理论准备，在缺乏数据的情况下，可以通过生成模型来补足。

深度学习算法在大规模数据集下的应用取得突破性进展，但仍有以下问题值得进一步研究。

1）无标记数据的特征学习。当前，标记数据的特征学习占据主导地位，但是对于标记数据来说，一个相当困难的地方在于将现实世界的海量无标记数据逐一添加人工标签，是很费时费力且不现实的。所以，随着科学研究的发展，无标记数据的特征学习以及将无标记数据进行自动添加标签的技术会成为研究主流。

2）模型规模与训练速度、训练精度之间的权衡。一般地，在相同数据集下，模型规模越大，则训练精度越高，训练速度越慢。对于模型优化，诸如模型规模调整、超参数设置、训练时调试等，其训练时间会严重影响其效率。所以，如何在保证一定的训练精度的前提下提高训练速度是很有必要的一个研究课题。

3）大规模数据集的依赖性。深度学习最新的研究成果都依赖于大规模数据集和强大的计算能力，如果没有大量真实的数据集，没有相关的工程专业知识，探索新算法将会变得异常困难。

4）超参数的合理取值。深度神经网络以及相关深度学习模型应用需要足够的能力和经验来合理地选择超参数的取值，如学习速率、正则项的强度以及层数和每层的单元个数等，一个超参数的合理值取决于其他超参数的取值，并且深度神经网络中超参数的微调代价很大，所以有必要在超参数这个重要领域内做更进一步的研究。

在许多领域深度学习都表现出巨大的潜力，但深度学习作为机器学习的一个新领域现在仍处于发展阶段，仍然有很多工作需要开展，很多问题需要解决，尽管深度学习的研究还存在许多问题，但是现有的成功和发展表明深度学习是一个值得研究的领域。

CHAPTER 2

第2章

TensorFlow深度学习框架构建方法与图像分类的实现

Google公司不仅是大数据和云计算的领导者，在机器学习和深度学习领域也有很好的实践和积累，其内部使用的深度学习框架TensorFlow使深度学习爱好者的学习门槛越来越低。TensorFlow作为一个用于机器智能的开源软件库，是目前深度学习的主流框架之一，广泛应用于学术界与工业界。TensorFlow自开源至今，相继推出了分布式版本、服务器框架、可视化Tensorboard以及不胜枚举的模型在该框架下的实现。

本章将对TensorFlow做详细的介绍，主要包括TensorFlow运作原理、模型构建和框架安装。之后，介绍该框架下具体网络的实现以及详细代码的解读。

2.1 TensorFlow概述

2015年11月9日，Google工程师发布人工智能系统TensorFlow并宣布开源，将此系统的参数公布给业界工程师、学者和具有编程能力的技术人员。Google工程师认为机器学习是未来新产品和新技术的一个关键部分，这个领域的研究是全球性、高速度的，但缺少一个通用型的工具。因此，TensorFlow应运而生。

2.1.1 TensorFlow 的特点

TensorFlow 是 Google 基于 DistBelief 研发的第二代人工智能学习系统，其命名来源于自身的运行原理。TensorFlow 是一个采用数据流图（Data Flow Graph）、用于数值计算的开源软件库。数据流图用节点（Node）和线（Edge）的有向图来描述数学计算。节点一般用来表示施加的数学操作，但也可以表示数据输入（Feed In）的起点 / 输出（Push Out）的终点，或者是读取 / 写入持久变量（Persistent Variable）的终点。线表示节点之间的输入 / 输出关系。这些数据线可以传输大小可动态调整的多维数据数组，即张量（Tensor）。张量从图中流过的直观过程是这个工具取名为 TensorFlow 的原因。一旦输入端的所有张量准备好，节点将被分配到各种计算设备以完成异步操作，并行地执行运算。它灵活的架构让用户可以在多种平台上展开计算，如台式计算机中的一个或多个 CPU（或 GPU）、服务器、移动设备等。TensorFlow 最初用于机器学习和深度神经网络方面的研究，由于系统的通用性使其也可广泛用于其他计算领域。

TensorFlow 的特点如下：

1）高度的灵活性：TensorFlow 不是一个严格的神经网络库。只要用户可以将计算表示为一个数据流图，就可以使用 TensorFlow 来构建图，描写驱动计算的内部循环。TensorFlow 提供了有用的工具来帮助用户组装子图（常用于神经网络），用户也可以在 TensorFlow 的基础上编写自定义的上层库。定义顺手好用的新复合操作与写一个 Python 函数一样容易，而且也不用担心性能损耗。

2）真正的可移植性：TensorFlow 既可以在 CPU 和 GPU 上运行，又可以运行于台式机、服务器、笔记本电脑等。TensorFlow 还可以将训练好的模型作为产品的一部分用于手机 App。TensorFlow 同样可以将模型作为云端服务运行在自己的服务器上，或者运行于 Docker 容器。

3）科研与产品无缝对接：Google 科学家利用 TensorFlow 尝试新的算法，其产品团队则用 TensorFlow 来训练和使用计算模型，并直接提供给在线用户。应用型研究者使用 TensorFlow 将想法迅速运用于产品中，其也可以让学术性研究者更直接地分享代码，从而提高科研产出率。

4）自动求微分：基于梯度的机器学习算法受益于 TensorFlow 自动求微分的能力。用户只需要定义预测模型的结构，将这个结构和目标函数（Objective Function）结合在一起并添加数据，TensorFlow 将自动为用户计算相关的微分导数。

5）多语言支持：TensorFlow 有一个合理的 C++ 使用界面和一个易用的 Python 使用界面来构建和执行指定的“图”。用户可以直接写 Python/C++ 程序，也可以用交互式的 iPython 界面来使用 TensorFlow 尝试新想法，它可以帮助用户将笔记、代码、可视化等有条理地归置好。此外 TensorFlow 还支持用户创造自己喜欢的语言界面，比如 Go、Java、Lua、JavaScript 或者是 R 语言。

6）性能最优化：由于 TensorFlow 对线程、队列、异步操作等给予了最佳支持，使其计算潜能得以有效发挥。TensorFlow 可以将硬件的计算潜能全部发挥出来，可充分利用多 CPU 和多 GPU。

2.1.2 TensorFlow 中的模型

2.1.1 节介绍了 TensorFlow 的诞生及特点，这一小节主要说明 TensorFlow 的三种主要模型：计算模型、数据模型和运行模型。

（1）计算模型

计算图（Graph）是 TensorFlow 中一个最基本的概念，是 TensorFlow 的计算模型。TensorFlow 中的所有计算都会被转化为计算图上的节点，可以把计算图看作一种有向图，TensorFlow 中的每一个计算都是计算图上的一个节点，而节点之间的边描述了计算之间的依赖关系。例如，通常在构建阶段创建一个计算图来表示和训练神经网络，然后在执行阶段反复执行图中的训练操作，使得参数不断优化。在图的构建阶段，本质是各种操作的拼接组合，操作之间流通的张量由源操作产生，只有输出张量，没有输入张量。TensorFlow 支持通过 tf.Graph() 函数来生成新的计算图。

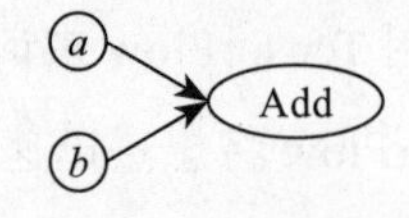

图 2-1 可视化向量相加计算图

图 2-1 中的每一个节点都是一个运算，每一条边都代表了计算之间的依赖，箭头方向代表依赖关系。例如，运算 a 和运算 b 不依赖任何关系，而有一条由 a 指向 Add 的

边和一条由 b 指向 Add 的边，表示 Add 运算是依赖于运算 a 和运算 b 的。

在 TensorFlow 程序中，系统会维护一个默认的计算图，通过 tf.get_default_graph() 函数可以获取当前默认的计算图，不同的计算图上的张量和运算不会共享。有效地整理 TensorFlow 中的资源同样也是计算图的重要功能之一。在一个计算图中，可以通过集合（Collection）来管理不同类别的计算资源，比如通过 tf.add_to_collection 函数可以将资源加入集合中，然后通过 tf.get_collection 获取集合中的资源。

（2）数据模型

张量（Tensor）是 TensorFlow 中一个非常重要的概念，是 TensorFlow 的数据模型。在 TensorFlow 程序中，所有数据都可以通过张量的形式来表示。张量的最基本属性是维度，其中零维张量表示为标量（Scalar），一维张量表示为向量（Vector），当维数 n 超过 2 时，张量就可以理解为 n 维数组，但在 TensorFlow 中张量并不是以数的形式实现的，只是对 TensorFlow 中运算结果的引用。在张量中保存的是如何得到数据的计算过程，而不是真正保存这些数据。

一个张量中主要保存的是其名字（Name）、维度（Shape）和类型（Dtype）。例如，张量名字作为张量的唯一标识符，描述了张量是如何计算出来的。张量维度描述的是张量的维度信息，比如维度为零，则张量就可以表示为标量。每一个张量都有一个唯一的张量类型，在对张量进行运算前，TensorFlow 首先会对张量进行类型检查，当发现类型不匹配时就会保存。对于张量的使用，其可以作为中间计算结果进行引用，当一个计算包含很多中间结果时，使用张量可大大提高代码的可读性；同样，在计算图构造完成之后，也可以用张量来获得结果。

（3）运行模型

会话（Session）是拥有并管理 TensorFlow 程序运行时所有资源的概念，是 TensorFlow 的运行模型。当所有计算完成之后，需要关闭会话来帮助系统回收计算资源，否则就可能产生资源泄漏的问题。TensorFlow 中使用会话的模式一般有两种：一种模式需要明确调用会话生成函数和会话关闭函数，当所有计算完成之后，需要明确调用会话关闭函数以释放资源。然而，当程序因为异常退出时，会话关闭函数可能不会被执行而导致资源的泄漏。另一种模式是利用Python上下文管理器的机制，只要将所有的计算放在with中即可。上下文管理器退出时会自动释放所有资源，这样既解决了因为异常退出时资源释放的问题，同时也解决了忘记调用会话关闭函数而产生的资源泄漏问题。在交互式环境下，通过设置默认会话的方式获取张量的取值更加方便，所以TensorFlow提供了一种在交互式环境下直接构建默认会话的函数，使用此函数会自动将生成的会话注册为默认会话。

2.2 TensorFlow框架安装

TensorFlow要求的安装环境为Ubuntu 12+，CPU不低于4代i3处理器，内存不低于4GB，原因在于为虚拟机分配的内存在虚拟机启动之后会以1:1的比例从物理内存中划走。下面的步骤是在Ubuntu 12+上的TensorFlow安装过程，TensorFlow提供了许多安装方法，如使用pip、Docker、Virtualenv、Anaconda或源码编译的方法，下面针对Anaconda作详细介绍。

2.2.1 基于Anaconda的安装

Anaconda是一个集成许多第三方科学计算库的Python科学计算环境，它使用conda作为自己的包管理工具，同时具有自己的计算环境，类似于Virtualenv。与Virtualenv一样，conda将不同Python工程需要的依赖包存储在不同地方。TensorFlow上安装的Anaconda不会对之前安装的Python包进行覆盖。步骤如下：

1）Anaconda下载地址为https://www.continuum.io/downloads，本实例选择Python 2.7。如图2-2所示。

2）建立一个名为TensorFlow的conda计算环境，见图2-3（针对Python不同版本，建立不同环境）：

- Python 2.7：`conda create -n TensorFlow python=2.7`
- Python 3.6：`conda create -n TensorFlow python=3.6`

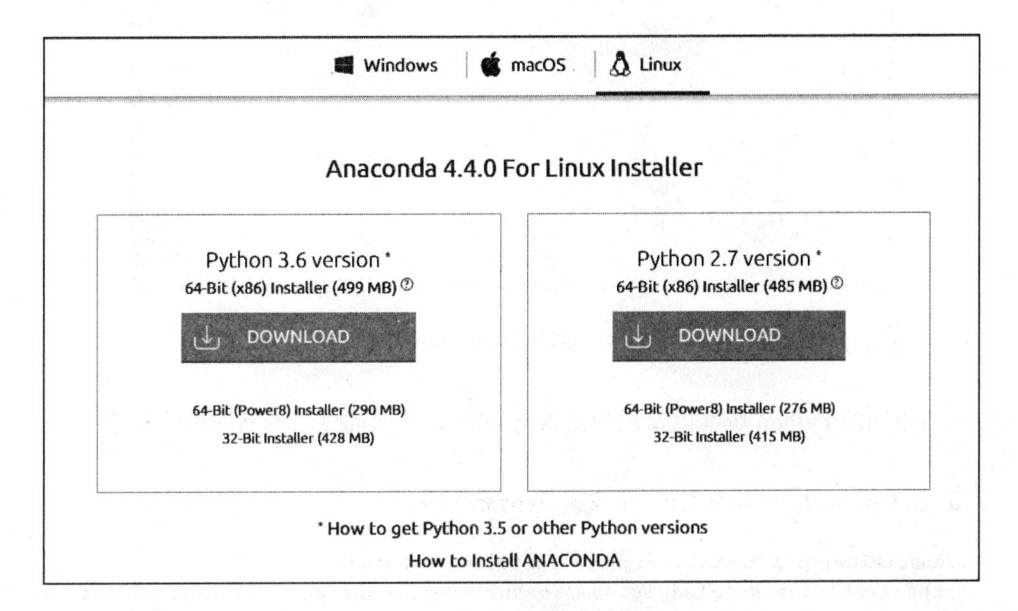

图 2-2　下载 Anaconda

图 2-3　建立一个名为 TensorFlow 的 conda 计算环境

3）激活环境，用 conda 安装 TensorFlow。

4）安装成功后，每次使用 TensorFlow 的时候需要激活 conda 环境。

5）激活 TensorFlow 环境，然后使用其中的 pip 命令安装 TensorFlow（见图 2-4）：

```
source activate TensorFlow
```

图 2-4 激活 TensorFlow 环境

针对不同的 Python 版本以及用户是否有 GPU，下面提供了不同的安装命令：

- 在 Python 2.7、仅有 CPU 下安装 TensorFlow：

```
(TensorFlow) pip install--ignore-installed--upgrade
    https://storage.googleapis.com/TensorFlow/linux/cpu/TensorFlow-1.1.0-cp27-
none-linux_x86_64.whl
```

- 在 Python 2.7、GPU 可用下安装 TensorFlow（要求 CUDA 工具包 7.5 和 CuDNNv4）：

```
(TensorFlow) pip install --ignore-installed --upgrade
    https://storage.googleapis.com/TensorFlow/linux/gpu/TensorFlow-1.1.0rc0-cp27-
none-linux_x86_64.whl
```

- 在 Python 3.0 以上、仅有 CPU 下安装 TensorFlow：

```
(TensorFlow) pip install --ignore-installed --upgrade
    https://storage.googleapis.com/TensorFlow/linux/cpu/TensorFlow-1.1.0rc0-cp34-
cp34m-linux_x86_64.whl
```

- 在 Python 3.0 以上、GPU 可用下安装 TensorFlow（要求 CUDA 工具包 7.5 和 CuDNNv4）：

```
(TensorFlow) pip install --ignore-installed --upgrade
    https://storage.googleapis.com/TensorFlow/linux/gpu/TensorFlow-1.1.0rc0-cp34-
cp34m-linux_x86_64.whl
```

通过以上步骤，TensorFlow 就安装成功了。当不使用 TensorFlow 的时候关闭环境：

```
(TensorFlow)source deactivate
```

2.2.2 测试 TensorFlow

以下有两个测试命令 Test *a* 和 Test *b*，打开一个 Python 终端，输入命令，可以测试 TensorFlow 是否安装成功，见图 2-5 和图 2-6。

Test *a*：

```
>>> import TensorFlow as tf
>>> hello = tf.constant('Hello, TensorFlow!')
>>> sess = tf.Session()
>>> print sess.run(hello)
Hello, TensorFlow!
```

Test *b*：

```
>>> a = tf.constant(10)
>>> b = tf.constant(32)
>>> print sess.run(a+b)
42
>>>
```

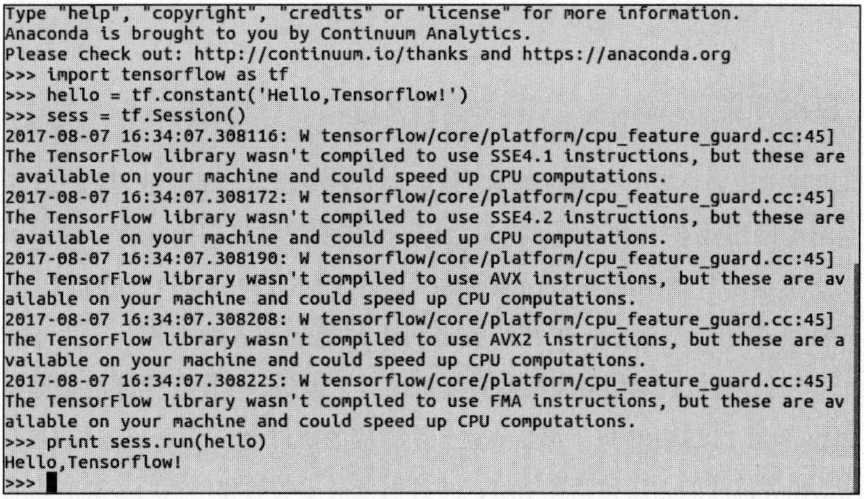

```
Type "help", "copyright", "credits" or "license" for more information.
Anaconda is brought to you by Continuum Analytics.
Please check out: http://continuum.io/thanks and https://anaconda.org
>>> import tensorflow as tf
>>> hello = tf.constant('Hello,Tensorflow!')
>>> sess = tf.Session()
2017-08-07 16:34:07.308116: W tensorflow/core/platform/cpu_feature_guard.cc:45]
The TensorFlow library wasn't compiled to use SSE4.1 instructions, but these are
 available on your machine and could speed up CPU computations.
2017-08-07 16:34:07.308172: W tensorflow/core/platform/cpu_feature_guard.cc:45]
The TensorFlow library wasn't compiled to use SSE4.2 instructions, but these are
 available on your machine and could speed up CPU computations.
2017-08-07 16:34:07.308190: W tensorflow/core/platform/cpu_feature_guard.cc:45]
The TensorFlow library wasn't compiled to use AVX instructions, but these are av
ailable on your machine and could speed up CPU computations.
2017-08-07 16:34:07.308208: W tensorflow/core/platform/cpu_feature_guard.cc:45]
The TensorFlow library wasn't compiled to use AVX2 instructions, but these are a
vailable on your machine and could speed up CPU computations.
2017-08-07 16:34:07.308225: W tensorflow/core/platform/cpu_feature_guard.cc:45]
The TensorFlow library wasn't compiled to use FMA instructions, but these are av
ailable on your machine and could speed up CPU computations.
>>> print sess.run(hello)
Hello,Tensorflow!
>>>
```

图 2-5 运行 TensorFlow 测试程序 *a*

```
>>> hello =tf.constant('Hello,Tensorflow!')
>>> sess = tf.Session()
2017-08-07 16:35:46.825760: W tensorflow/core/platform/cpu_feature_guard.cc:45]
The TensorFlow library wasn't compiled to use SSE4.1 instructions, but these are
 available on your machine and could speed up CPU computations.
2017-08-07 16:35:46.825780: W tensorflow/core/platform/cpu_feature_guard.cc:45]
The TensorFlow library wasn't compiled to use SSE4.2 instructions, but these are
 available on your machine and could speed up CPU computations.
2017-08-07 16:35:46.825785: W tensorflow/core/platform/cpu_feature_guard.cc:45]
The TensorFlow library wasn't compiled to use AVX instructions, but these are av
ailable on your machine and could speed up CPU computations.
2017-08-07 16:35:46.825789: W tensorflow/core/platform/cpu_feature_guard.cc:45]
The TensorFlow library wasn't compiled to use AVX2 instructions, but these are a
vailable on your machine and could speed up CPU computations.
2017-08-07 16:35:46.825793: W tensorflow/core/platform/cpu_feature_guard.cc:45]
The TensorFlow library wasn't compiled to use FMA instructions, but these are av
ailable on your machine and could speed up CPU computations.
>>> print sess.run(hello)
Hello,Tensorflow!
>>> a = tf.constant(10)
>>> b = tf.constant(32)
>>> print sess.run(a + b)
42
>>> 
```

图 2-6 运行 TensorFlow 测试程序 *b*

2.3 基于 TensorFlow 框架的图像分类实现（ResNet-34）

本节将以深度残差网络（ResNet）为例，以图像分类作为应用背景，对 TensorFlow 框架下深度卷积神经网络的构建、训练、测试等进行详细解读，并介绍 ResNet 网络结构及特性，分析实验结果。

2.3.1 应用背景

计算机视觉识别是人工智能的经典领域，一直备受学术界和工业界的广泛关注。本示例所介绍的网络成名于 2015 年的 ImageNet 大规模视觉识别挑战赛。ImageNet 大规模视觉识别挑战赛（The ImageNet Large Scale Visual Recognition Challenge，ILSVRC）被誉为计算机视觉乃至整个人工智能发展史上的里程碑式的赛事，成立于 2010 年。ILSVRC 不但是计算机视觉领域发展的重要推动者，也是深度学习热潮的关键驱动力之一。从 2010 年起，ILSVRC 每年都会成立一个相应的研讨会，研讨会的目的是介绍当年计算机视觉相关挑战的方法和竞赛结果，并且邀请最成功的和创新的参赛者出席。大赛的主要挑战包括图像分类、目标定位、图像中的目标侦测、视频中的目标侦测、场景分类、场景解析。

ResNet（Residual Neural Network）是由微软研究院的何凯明团队提出的，中文称为残差网络。ResNet 设计的最根本动机就是解决神经网络的退化问题，即当神经网络层次更深时，训练错误率反而更高了，针对此问题，团队提出了一个 Residual 结构。网络层的函数被重新规划为每层输入的残差函数。在数理统计中，残差的概念为实际观测值与估计值（拟合值）之间的差，如果回归模型正确的话，可以将残差看作误差的观测值。在 2015 年的 ILSVRC 比赛中，该研究团队通过使用 Residual Units（残差单元）训练了 152 层 ResNet 神经网络，在对 Cifar-10 数据集的分类上取得了第一名，Top-5 错误率仅为 3.57%，效果非常突出。同时该网络也在 COCO（Common Objects in Context）目标检测数据集上取得了优异的结果，分类性能优异，虽然网络层数达到 152 层，比 VGG 网络要深 8 倍，但是相比于 VGG 网络具有更低的复杂度，成为深度学习领域具有代表性的分类模型。

本实例所使用的 Cifar-10 数据集由 60 000 张 32 × 32 的 RGB 彩色图片构成，共有 10 个分类，包括飞机、汽车、小鸟、猫咪、麋鹿、小狗、青蛙、马、船、卡车，其中 50 000 张是训练图片，10 000 张是测试图片。而在 Cifar-100 数据集中，分类类别高达 100，相对于 Cifar-10 更详尽。Cifar-10 数据集最大的特点在于将识别迁移到了普适物体，而且应用于多分类。Cifar-10 数据存放在一个 10 000 × 3072 的 numpy 数组中，单位是 uint8s，其中 3072 表示存储了一个 32 × 32 的彩色图像，前 1024 位是 R 值，中间 1024 位是 G 值，后 1024 位是 B 值。

2.3.2 ResNet

深度卷积神经网络在图像分类上有着一系列重大突破，但在深度学习发展历程中，当开始考虑更深层的网络的收敛问题时出现了一个退化的问题，即在不断加深的神经网络中会出现准确率先有一个上升的趋势，然后达到饱和，若再增加深度则会导致准确率下降。由于在训练集和测试集上都出现误差增大现象，因此得知并不是过拟合造成的影响。ResNet 通过跨层特征融合使得其网络特征提取能力增强，网络性能随着网络的加深而逐渐提高。研究团队在可接受时间内测试更深层次的 ResNet，并比较多种深度学习模型后，证明 ResNet 较其他模型分类性能更为优秀，并且能够通过增加相当的深度来提高准确率。

如图 2-7 右侧所示就是 ResNet。与卷积神经网络不同的是，ResNet 插入了跨层连接，即在不相邻网络层之间进行连接，如图 2-7 右侧所示黑色的箭头会跳过两个网络层直接作为另一个输入，叠加到不相邻两层的神经网络层，相当于在不相邻两层的网络层之间架设了一座高架桥，形成一个 ResNet 网络残差构件。图 2-7 左侧描述的是 ResNet 中的一个残差构件，其中每块包括两组组合网络层，每组网络层由一层批次正则化（Batch Norm）层、一层 ReLU 层和一层卷积层组成，最后一组的卷积层输出与原始的输入进行异或操作，得到输出。当维度增加时，可以考虑两种选择：1）跨层连接仍然使用自身映射，对于增加的维度用零来填补空缺，不会引入额外的参数；2）$y = F(x, \{W_i\}) + W_s X$ 用来匹配维度。对于前一层输入的结果 x，通过残差构造块函数 $F(x)$ 会输出 $H(x) := F(x) + x$。$F(x) + x$ 在网络中是通过跨层连接和异或操作实现的，跨层连接可以跳过一个或多个神经网络层。

对于整个网络的训练，依然可以使用随机梯度下降（Stochastic Gradient Descend，SGD）算法和反向传播（Back Propagation，BP）算法，但是在卷积神经网络中，如果只是简单地增加网络深度作为恒等映射，则会导致梯度弥散或梯度爆炸的结果，从而造成退化问题。使用正则化初始值和中间的批次正则化层可以训练几十层的卷积神经网络，在很大程度上可以解决这一问题，因此退化问题说明了深度网络并不能依靠简单的网络层数增加来提高网络性能。在 ResNet 重构中，如果恒等映射是最优的，构造块可能会简单地将多个非线性层的权值逼近于零，从而逼近恒等映射。如果优化函数更接近于恒等映射，相比于直接学习一个新的函数，ResNet 能够更容易地找出恒等映射有关的扰动，对特征的敏感性更强。对于 ResNet 的网络训练相当于同时对多个卷积神经网络进行并行训练，从而相较于传统卷积神经网络其有更高的效率。

ResNet 残差构件有很多种，甚至可以根据项目要求自己定义。图 2-8 显示的就是本文使用的 ResNet-34 对应的残差构件，该结构很好地解决了退化问题。残差构件由两个卷积层再加一个恒等映射组成，卷积核大小都为 3×3，因此残差构件输入与输出的维度大小也都是一样的，可以直接进行相加。当步长为 1 时，ResNet 中的输入在残差构件中进行批次正则化、ReLU 激活、卷积后，填充（padding）层即为原始的输入层；当步长为 2 时，ResNet 的输入再进行同样的操作后，还会进行一次平均池化，再得到填充层，最后输出层的输入为填充层的输出加上残差构件后的输出。

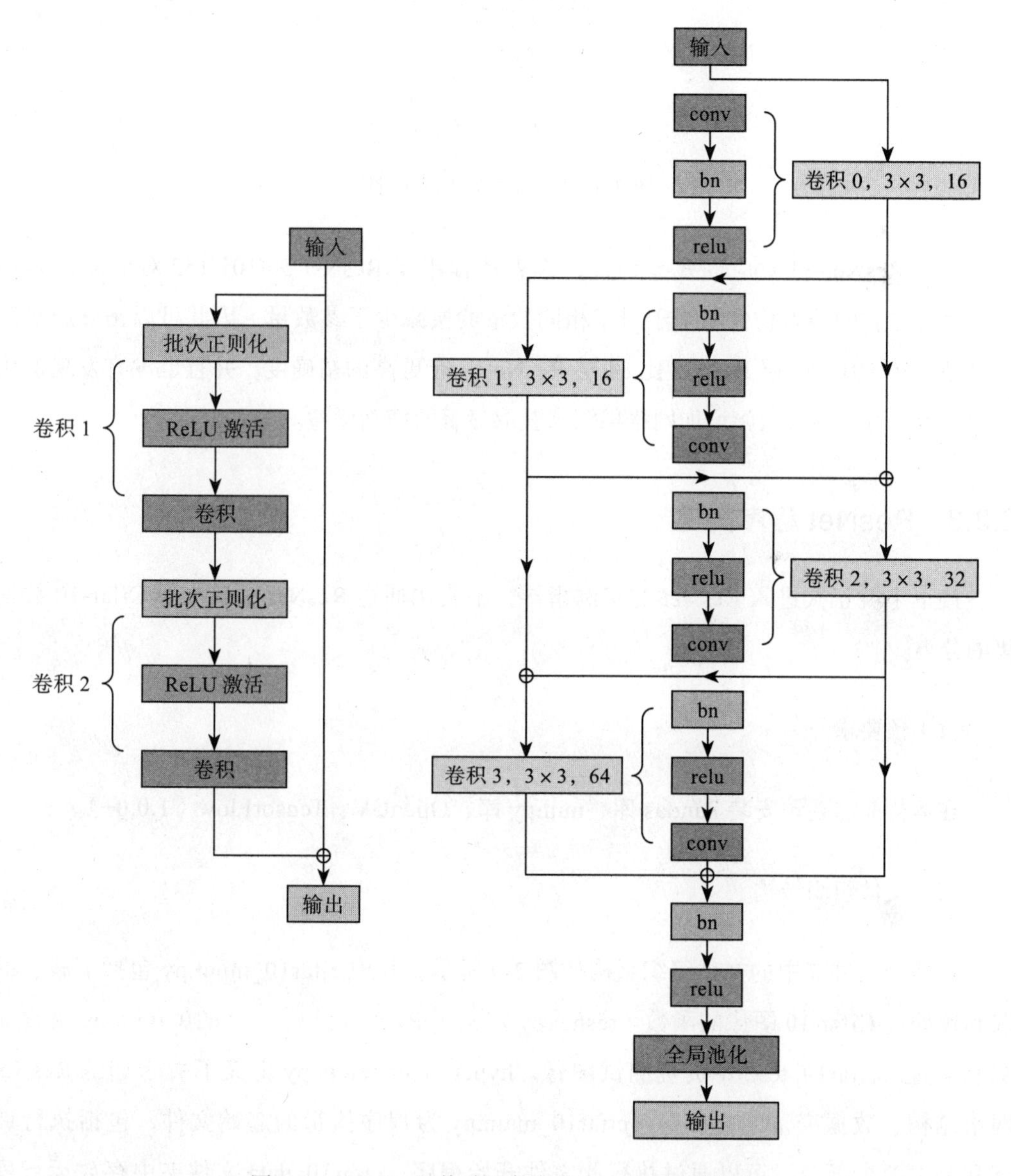

图 2-7　ResNet 网络残差构件和 ResNet 网络结构

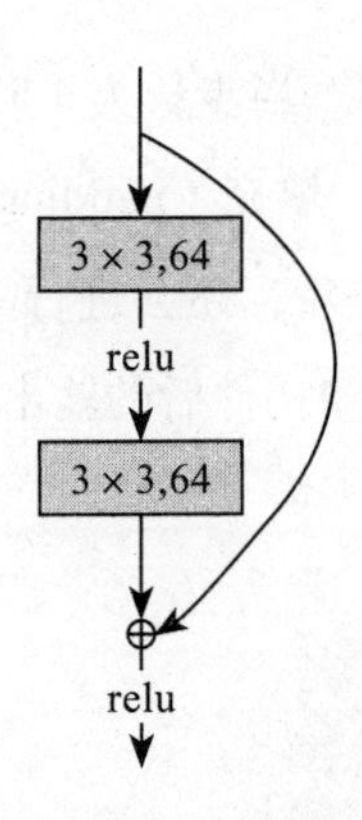

图 2-8　ResNet-34 残差构件

除了 ResNet-34 对应的残差构件，作者还提出了 ResNet-50/101/152 对应的残差构件，优化之后的残差构件相当于对于相同数量的层减少了参数量，因此可以拓展成更深的模型，50/101/152 层 ResNet 比 34 层 ResNet 具有更高的精确度，并且也没有发现退化问题，因此可以通过大幅增加网络层深来获取显著的精确增益。

2.3.3 ResNet 程序实现

接下来就正式进入 ResNet 的实例指导，本实例通过 ResNet 来解决对 Cifar-10 数据集的分类。

（1）预要求

在运行前需要预安装 Pandas 库、numpy 库、OpenCV、TensorFlow（1.0.0+）。

（2）文件组织结构

该实例文件夹中的文件组织结构如图 2-9 所示。其中 cifar10_input.py 包括下载、提取和预处理 Cifar-10 图像的函数。resnet.py 定义了 ResNet 结构。cifar10_train.py 负责训练和验证。cifar10_test.py 负责测试图像。hyper_parameters.py 定义了关于训练 ResNet 网络结构、数据变量的超参数。cifar10_main.py 为程序执行的起始文件，包括执行训练和测试两个部分，可以通过执行此文件开始程序。cifar10_data 文件夹中存放运行程序所需的数据集，logs_test 文件夹中存放验证日志程序，包括程序运行后产生的训练误差、训练损失、验证误差、验证损失生成的 test.csv 统计表。testdata 文件夹中存放测试图像。

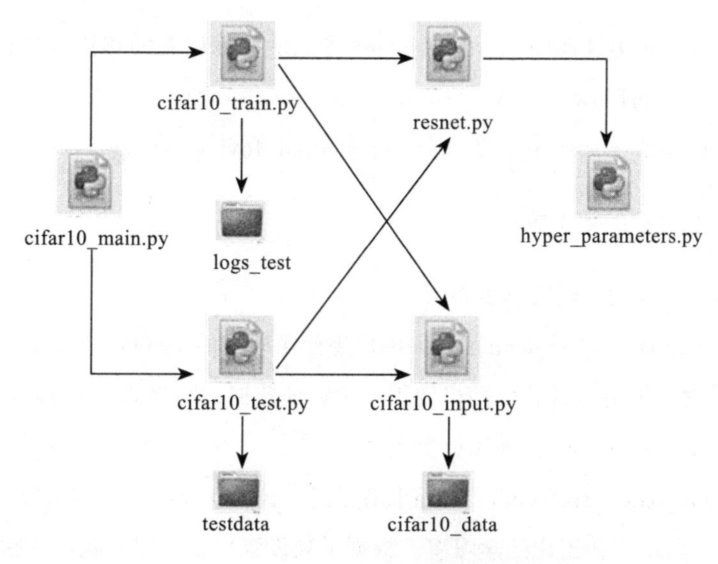

图 2-9 文件组织结构

（3）数据集

对于数据集来说，本章采用的是 Cifar-10 数据集，其中 Cifar-10 数据集包含有 6 万张 32 × 32 彩色图像，由 Alex Krizhevsky、Vinod Nair 和 Geoffrey Hinton 收集而来，包含 50 000 张训练图片、10 000 张测试图片，用户也可以在其官方网站（http://www.cs.toronto.edu/~kriz/cifar.html）进行下载。其中，训练批次中包含来自每个类的 5000 张图像。用户可以通过本节的程序来对 Cifar-10 数据集进行分类，最后查看其训练误差与验证损失。

（4）超参数

hyper_parameters.py 文件定义了所有的超参数，用户可以自己定制训练参数。用户可以使用 `python cifar10_train.py --hyper_parameter1=value1 --hyper_parameter2=value2` 来设置所有的超参数，也可以改变 Python 脚本中的默认值。共有以下五类超参数。

1）关于保存训练日志、tensorboard和屏幕输出的超参数：

- version（str）：检查点和输出时间会被存放在logs_version中。
- report_freq（int）：在训练过程中，每隔report-freq次进行一次验证集验证，并输出验证结果。
- train_ema_decay（float）：tensorboard将记录训练误差的移动平均值。这个衰减因子在TensorFlow中用`tf.train.ExponentialMovingAverage(FLAGS.train_ema_decay,global_step)`来定义一个ExponentialMovingAverage。

2）关于训练过程的超参数：

- train_steps（int）：训练总步骤。
- is_full_validation（boolean）：如果用户想使用所有的10 000张验证图像进行验证，则参数设为True，或者想随机使用一批验证数据，则参数设为False。
- train_batch_size（int）：训练批次大小。
- validation_batch_size（int）：验证批次大小（is_full_validation=False才会有效）。
- init_lr（float）：初始化的学习率。根据下列设置，学习率可能会衰减。
  - lr_decay_factor（float）：学习率衰减因子。学习率在每次衰减时会变成lr_decay_factor*current_learning_rate。
  - decay_step0（int）：在decay_step0中，学习率会第一次衰减。
  - decay_step1（int）：学习率的第二次衰减。

3）关于控制网络的超参数：

- num_residual_blocks（int）：ResNet总层数 = 6 × num_residual_blocks+2。
- weight_decay（float）：权重衰减用来正则化网络，total_loss = train_loss + weight_decay × 权重的平方和。

4）关于数据变量的超参数：

- padding_size（int）：padding_size是在图像的每一侧加上填充的行（列）数。填充和随机裁剪可以防止过拟合问题。

5）关于加载检查点的超参数：

- ckpt_path（str）：用户想载入的检查点路径。
- is_use_chpt（boolean）：如果 is_use_chpt=True，可以使用检查点，继续从检查点执行训练。

（5）训练

Train() 定义了所有关于训练阶段的类，主要观点是运行 train_op FLAGS.train_steps 次。如果步数 %FLAGS.report_freq == 0，则会立即验证、训练并在 tensorboard 上写下所有的总结。

（6）测试

Train() 类中的 test() 函数会帮助用户预测，它会返回一个模型 [num_test_images, num_labels] 的 softmax 概率。用户需要准备和预处理测试数据，并将它传到函数中。用户既可以使用自己的检查点，也可以使用预训练的 ResNet-110 检查点。

2.3.4 详细代码解析

1）cifar10_main.py 文件是该图像分类程序的入口，通过调用自定义的训练函数和测试函数开始训练网络，并在训练完毕后对网络进行测试。

```
cifar10_main.py
# 导入cifar10_train 中所有函数
from cifar10_train import *
# 导入cifar10_test 中所有函数
from cifar10_test import *
# 训练网络
# maybe_download_and_extract()
# train_object=Train()
# train_object.train()
# 测试网络进行单张图像分类
test_object=Test(test_dir)
test_object.test()
```

```
test_object.disp_k_result(10)
```

2）cifar10_train.py 文件定义了 Train 类，负责对所有训练和验证的处理，包括对占位符的定义、构建训练验证图函数的定义、训练函数的定义、测试函数的定义、损失函数的定义、误差函数的定义、生成验证集的定义、生成变量训练批次的定义、训练操作的定义、验证操作的定义、全验证集的定义，程序会跨过类执行。

```
cifar10_train.py
# 导入 resnet 中所有的包
# 主要用于统计激活函数，创建变量，构建输出层，构建批次正则化层，定义残差构件，测试图的功能
from resnet import *
# 导入 datetime 包，主要用于记录运行时间
from datetime import datetime
# 导入 time 包，主要用于记录当前时间
import time
# 导入 cifar10_input 中所有的包
# 主要用于下载提取训练数据，读取单次训练批次，读取所有图像，垂直翻转，白化图像
# 随机裁剪和翻转，准备训练数据，读取验证数据
from cifar10_input import *
# 以 pd 的形式导入 pandas 包，主要围绕 series 和 DataFrame 对数据结构进行处理
import pandas as pd
# 定义 Train 类
class Train(object):
```

初始化函数：总共有五类占位符，分别为训练图像占位符和训练标签占位符、验证图像占位符和验证标签占位符、学习率占位符。

```
def __init__(self):
    # 建立占位符 placeholders
    self.placeholders()
    # 占位符函数
    def placeholders(self):
        # 定义图像占位符 image_placeholder 类型为 float32，随机训练
        # 训练批次大小，图像高度，图像宽度，图像深度
        self.image_placeholder = tf.placeholder(dtype=tf.float32,
                                                shape=[FLAGS.train_batch_size,
                                                       IMG_HEIGHT,
                                                       IMG_WIDTH,
                                                       IMG_DEPTH])
        # 定义标签占位符 label_placeholder 类型为 int32，随机训练，训练批次大小
        self.label_placeholder = tf.placeholder(dtype=tf.int32,
                                                shape=[FLAGS.train_batch_size])
        # 定义验证图像占位符 vali_image_placeholder 类型为 float32
```

```
        # 随机验证，验证批次大小，图像高度，图像宽度，图像深度
        self.vali_image_placeholder = tf.placeholder(dtype=tf.float32,
                                          shape=[FLAGS.validation_batch_size,
                                                 IMG_HEIGHT,
                                                 IMG_WIDTH,
                                                 IMG_DEPTH])
        # 定义验证标签占位符 vali_label_placeholder 类型为 int32
        # 随机验证，验证批次大小
        self.vali_label_placeholder = tf.placeholder(dtype=tf.int32,
                                          shape=[FLAGS.validation_batch_size])
        # 定义学习率占位符 lr_placeholder 类型为 float32
        self.lr_placeholder = tf.placeholder(dtype=tf.float32, shape=[])
    # 建立训练验证图函数，函数会同时建立训练图和验证图
    def build_train_validation_graph(self):
        # 定义全局步数 global_step 变量值为 0，不可训练
        global_step = tf.Variable(0, trainable=False)
        # 定义验证步数 validation_step 变量值为 0，不可训练
        validation_step = tf.Variable(0, trainable=False)
        # 定义比数 logits 占位符为图像占位符，残差构件的数目，不可重新使用
        logits = inference(self.image_placeholder,
                           FLAGS.num_residual_blocks,
                           reuse=False)
        # 定义验证比数 vali_logits 占位符为验证图像占位符
        # 残差构件的数目，重新使用
        vali_logits = inference(self.vali_image_placeholder,
                           FLAGS.num_residual_blocks,
                           reuse=True)
        # 计算训练损失，由 softmax 交叉熵和正则化损失组成
        # 定义正则化损失 regu_losses 为 tf.GraphKeys.REGULARIZATION_LOSSES
        regu_losses = tf.get_collection(tf.GraphKeys.REGULARIZATION_LOSSES)
        # 定义损失 loss=logits，占位符为标签占位符
        loss = self.loss(logits, self.label_placeholder)
        # 定义全局损失 full_loss 等于损失加正则化损失
        self.full_loss = tf.add_n([loss] + regu_losses)
        # 定义预测 predictions 等于 softmax(logits)
        predictions = tf.nn.softmax(logits)
        # 定义训练顶层误差 train_top1_error 等于预测，占位符为标签占位符，有效
        self.train_top1_error = self.top_k_error(predictions,
                                         self.label_placeholder,
                                         1)
        # 定义验证损失 vali_loss 为验证比数，占位符为验证标签占位符
        self.vali_loss = self.loss(vali_logits, self.vali_label_placeholder)
        # 定义验证预测 vali_predictions 为 softmax(vali_logits)
        vali_predictions = tf.nn.softmax(vali_logits)
        # 定义验证顶层误差 vali_top1_error 为验证预测，占位符为验证占位符，有效
        self.vali_top1_error = self.top_k_error(vali_predictions,
```

```
                                          self.vali_label_placeholder,
                                          1)
    #定义训练操作，指数平均移动数为全局步骤，全局损失，训练顶层误差
    self.train_op, self.train_ema_op = self.train_operation(global_step,
                                                      self.full_loss,
                                                      self.train_top1_error)
    #定义验证操作val_op为验证步数，验证顶层误差，验证误差
    self.val_op = self.validation_op(validation_step,
                                     self.vali_top1_error,
                                     self.vali_loss)
```

训练函数（训练的主函数）：第一步，将所有训练图像和验证图像存入内存中；第二步，建立训练图和验证图；第三步，初始化一个存储器来保存检查点，合并所有的结果，以便能通过运行 summary_op 展示操作。

```
def train(self):
    # 读取训练数据以及验证数据
    # 调用cifar10_input.py包中的prepare_train_data函数和read_validation_data函数
    all_data, all_labels = prepare_train_data(padding_size=FLAGS.padding_size)
    vali_data, vali_labels = read_validation_data()
    #建立训练图和验证图
    self.build_train_validation_graph()
    #定义存储器saver为全局变量
    saver = tf.train.Saver(tf.global_variables())
    #定义总结操作summary_op为合并所有操作
    summary_op = tf.summary.merge_all()
    #定义初始化变量init为初始化所有变量
    init = tf.initialize_all_variables()
    #定义一个新的会话sess
    sess = tf.Session()
    #如果is_use_ckpt为真，则从检查点ckpt_path载入网络文件
    if FLAGS.is_use_ckpt is True:
            saver.restore(sess, FLAGS.ckpt_path)
            print 'Restored from checkpoint...'
    #否则重新初始化
    else:
            sess.run(init)
    #定义总结summary_writer 为train_dir, sess.graph
    summary_writer = tf.summary.FileWriter(train_dir, sess.graph)
    #定义列表step_list
    step_list = []
    #定义训练误差列表train_error_list
    train_error_list = []
    #定义验证误差列表val_error_list
    val_error_list = []
    print 'Start training...'
```

```
print '----------------------------'
#对xrange进行step次遍历FLAGS.train_steps
for step in xrange(FLAGS.train_steps):
    #生成训练批次数据、训练批次标签,并定义训练批次大小
    train_batch_data, train_batch_labels =
                self.generate_augment_train_batch(all_data,
                                                  all_labels,
                                                  FLAGS.train_batch_size)
    #生成验证批次数据、验证批次标签,并定义验证批次大小
    validation_batch_data, validation_batch_labels =
                self.generate_vali_batch(vali_data,
                                         vali_labels,
                                         FLAGS.validation_batch_size)
    #每隔 FLAGS.report_freq次训练将训练结果进行输出
    if step % FLAGS.report_freq == 0:
        #是否进行全局验证
        if FLAGS.is_full_validation is True:
            validation_loss_value, validation_error_value =
                        self.full_validation(
                            loss=self.vali_loss,
                            top1_error=self.vali_top1_error,
                            vali_data=vali_data,vali_labels=vali_labels,
                            session=sess,batch_data=train_batch_data,
                            batch_label=train_batch_labels)
            #定义验证和函数vali_summ
            vali_summ = tf.Summary()
            #将此次验证集错误率存储在full_validation_error变量中,类型为float
            vali_summ.value.add(tag='full_validation_error',
                    simple_value=validation_error_value.astype(np.float))
            #写入验证和vali_summ,步数为step
            summary_writer.add_summary(vali_summ, step)
            #刷新 summary_writer
            summary_writer.flush()
        else:
            _, validation_error_value, validation_loss_value =
                sess.run([self.val_op,self.vali_top1_error,self.vali_loss],
                    {self.image_placeholder: train_batch_data,
                    self.label_placeholder: train_batch_labels,
                    self.vali_image_placeholder:validation_batch_data,
                    self.vali_label_placeholder:validation_batch_labels,
                    self.lr_placeholder:FLAGS.init_lr})
            #更新验证误差列表
            val_error_list.append(validation_error_value)
    #计时开始
    start_time = time.time()
    #网络开始训练
    _, _, train_loss_value, train_error_value = sess.run([self.train_op,
                                                          self.train_ema_op,
```

```
                                          self.full_loss,
                                          self.train_top1_error],
                                          {self.image_placeholder:
                                              train_batch_data,
                                              self.label_placeholder:
                                              train_batch_labels,
                                              self.vali_image_placeholder:
                                              validation_batch_data,
                                              self.vali_label_placeholder:
                                              validation_batch_labels,
                                              self.lr_placeholder:
                                              FLAGS.init_lr})
        # 计算训练时间
        duration = time.time() - start_time
        # 在指定间隔内输出网络性能检测
        if step % FLAGS.report_freq == 0:
            summary_str = sess.run(summary_op,
                                   {self.image_placeholder:train_batch_data,
                                   self.label_placeholder: train_batch_
                                       labels,
                                   self.vali_image_placeholder: validation_
                                       batch_data,
                                   self.vali_label_placeholder: validation_
                                       batch_labels,
                                   self.lr_placeholder: FLAGS.init_lr})
            # 写入总结字符串 summary_str，步数为 step
            summary_writer.add_summary(summary_str, step)
            # 每步样例数 num_examples_per_step 为训练批次大小
            num_examples_per_step = FLAGS.train_batch_size
            # 单个样例训练时间
            examples_per_sec = num_examples_per_step / duration
            # 每批次运行时间
            sec_per_batch = float(duration)
            # 定义字符串 format_str
            format_str = ('%s: step %d, loss = %.4f (%.1f examples/sec; %.3f '
                'sec/batch)')
            # 终端输出 format_str
            print format_str % (datetime.now(),
                                step,
                                train_loss_value,
                                examples_per_sec,
                                sec_per_batch)
            # 输出 top1 训练误差值
            print 'Train top1 error = ', train_error_value
            # 输出验证层误差
            print 'Validation top1 error = %.4f' % validation_error_value
            # 输出验证损失值
            print 'Validation loss = ', validation_loss_value
```

```
print '----------------------------'
# 更新步数列表
step_list.append(step)
# 更新训练误差列表
train_error_list.append(train_error_value)
# 根据 FLAGS.decay_step0 和 FLAGS.decay_step1 调整学习率
if step == FLAGS.decay_step0 or step == FLAGS.decay_step1:
        # 初始化学习率 FLAGS.init_lr 等于 0.1*FLAGS.init_lr
        FLAGS.init_lr = 0.1 * FLAGS.init_lr
        # 输出学习率衰减到 FLAGS.init_lr
        print 'Learning rate decayed to ', FLAGS.init_lr
        # 如果步数 step%10000 等于 0 或是步数 step 加 1 等于训练步数
if step % 10000 == 0 or (step + 1) == FLAGS.train_steps:
        # 更新检查点路径 checkpoint_path
            checkpoint_path = os.path.join(train_dir, 'model.
                ckpt')
        # 存储会话
        saver.save(sess, checkpoint_path, global_step=step)
        df = pd.DataFrame(data={'step':step_list,
                    'train_error':train_error_list,
                    'validation_error': val_error_
                        list})
        # 将文件以 csv 格式存储在训练目录中
        df.to_csv(train_dir + FLAGS.version + '_error.csv')
```

损失值计算函数：计算给定比数和真实标签的交叉熵，包含参数 logits，格式为 2D 张量；labels，格式为 1D 张量；返回损失张量。

```
def loss(self, logits, labels):
    # 定义标签 labels 的类型为 int64
    labels = tf.cast(labels, tf.int64)
    # 定义交叉熵 cross_entropy 为具有比数的稀疏 softmax 交叉熵
    cross_entropy = tf.nn.sparse_softmax_cross_entropy_with_
            logits(logits=logits, labels=labels, name='cross_entropy_
            per_example')
    # 定义平均交叉熵 cross_entropy_mean 为降低平均
    cross_entropy_mean = tf.reduce_mean(cross_entropy, name='cross_entropy')
    # 返回平均交叉熵
    return cross_entropy_mean
```

分类 top_k 误差计算函数：包含参数 predictions，格式为 2D 张量；labels，格式为 1D 张量；返回误差。

```
def top_k_error(self, predictions, labels, k):
```

```
#定义批次大小batch_size预测
batch_size = predictions.get_shape().as_list()[0]
#定义顶层in_top1 为预测，标签，k=1
in_top1 = tf.to_float(tf.nn.in_top_k(predictions, labels, k=1))
#定义正确数num_correct与顶层有关
num_correct = tf.reduce_sum(in_top1)
return (batch_size - num_correct) / float(batch_size)
```

生成验证批次函数：该函数能够随机生成数据批次，而不是整个验证数据，包含参数vali_data，格式为4D张量；vali_label，1D numpy数组，vali_batch_size，整型；返回验证图像及标签。

```
def generate_vali_batch(self, vali_data, vali_label, vali_batch_size):
#偏移为随机从（10000-验证批次大小）中选取
offset = np.random.choice(10000 - vali_batch_size, 1)[0]
#定义验证数据批次为偏移加验证批次大小
vali_data_batch = vali_data[offset:offset+vali_batch_size, ...]
#定义验证标签批次为偏移加验证批次大小
vali_label_batch = vali_label[offset:offset+vali_batch_size]
#返回验证数据批次、验证标签批次
return vali_data_batch, vali_label_batch
```

生成训练批次函数：这个函数能够帮助生成训练数据批次，随机裁剪，同时水平翻转并白化它们。包含参数train_data，格式为4D numpy 数组；train_labels，格式为1D numpy数组；train_batch_size，格式为整型；返回批次数据、批次标签。

```
    def generate_augment_train_batch(self, train_data, train_labels, train_batch_
size):
    #偏移为随机从（迭代大小－训练批次大小）中选取
    offset = np.random.choice(EPOCH_SIZE - train_batch_size, 1)[0]
    #定义批次数据为偏移加训练批次大小
    batch_data = train_data[offset:offset+train_batch_size, ...]
    #定义批次数据为随机裁剪和翻转
    batch_data = random_crop_and_flip(batch_data, padding_size=FLAGS.padding_size)
    #定义批次数据为白化图像
    batch_data = whitening_image(batch_data)
    #定义批次标签为偏移加训练批次大小
    batch_label = train_labels[offset:offset+FLAGS.train_batch_size]
    #返回批次数据、批次标签
    return batch_data, batch_label
```

训练操作函数：定义训练操作。包含参数global_step，1D张量；total_loss，1D

张量；top1_error，1D张量；返回训练操作、训练ema操作，运行train_ema_op会为tensorboard生成训练误差和训练损失的移动平均数。

```
def train_operation(self, global_step, total_loss, top1_error):
    # 定义标量学习率 learning_rate，为学习率占位符 lr_placeholder
    tf.summary.scalar('learning_rate', self.lr_placeholder)
    # 定义标量训练损失 train_loss，为总损失 total_loss
    tf.summary.scalar('train_loss', total_loss)
    # 定义标量训练顶层误差 train_top1_error，为顶层误差 top1_error
    tf.summary.scalar('train_top1_error', top1_error)
    # 定义 ema 指数平均移动数为衰减和全局步数的移动平均数
    ema = tf.train.ExponentialMovingAverage(FLAGS.train_ema_decay, global_step)
    # 定义训练指数平均移动数与全局损失、顶层误差有关
    train_ema_op = ema.apply([total_loss, top1_error])
    # 定义标量平均训练顶层误差 train_top1_error_avg，为 ema.average(top1_error)
    tf.summary.scalar('train_top1_error_avg', ema.average(top1_error))
    # 定义标量平均训练损失 train_loss_avg，为 ema.average(total_loss)
    tf.summary.scalar('train_loss_avg', ema.average(total_loss))
    # 定义 opt 训练动量优化器，学习率为学习率占位符，动量为 0.9
    opt = tf.train.MomentumOptimizer(learning_rate=self.lr_placeholder,
          momentum=0.9)
    # 定义训练操作 train_op 为最小总损失，全局步数
    train_op = opt.minimize(total_loss, global_step=global_step)
    # 返回训练操作、训练指数平均移动数操作
    return train_op, train_ema_op
```

验证操作函数：定义验证操作。包含参数validation_step，1D张量；top1_error，1D张量；loss，1D张量；返回验证操作。

```
def validation_op(self, validation_step, top1_error, loss):
    # 定义 ema 指数平均移动数为 0.0 和验证步数
    ema = tf.train.ExponentialMovingAverage(0.0, validation_step)
    # 定义 ema2 指数平均移动数为 0.95 和验证步数
    ema2 = tf.train.ExponentialMovingAverage(0.95, validation_step)
    # 定义验证操作 val_op 与验证步骤分配
    val_op = tf.group(validation_step.assign_add(1),
                      ema.apply([top1_error,loss]),
                      ema2.apply([top1_error, loss]))
    # 误差验证 top1_error_val 为误差的平均值
    top1_error_val = ema.average(top1_error)
    # 平均误差 top1_error_avg 为误差的平均值
    top1_error_avg = ema2.average(top1_error)
    # 损失值 loss_val 为损失的平均值
    loss_val = ema.average(loss)
```

```
    #平均损失值为损失的平均值
    loss_val_avg = ema2.average(loss)
    #定义标量验证顶层误差val_top1_error，为top1_error_val
    tf.summary.scalar('val_top1_error', top1_error_val)
    #定义标量验证顶层平均误差val_top1_error_avg，为val_top1_error_avg
    tf.summary.scalar('val_top1_error_avg', top1_error_avg)
    #定义标量验证损失val_loss，为val_loss
    tf.summary.scalar('val_loss', loss_val)
    #定义标量验证平均损失val_loss_avg，为val_loss_avg
    tf.summary.scalar('val_loss_avg', loss_val_avg)
    #返回验证操作
    return val_op
```

全局验证函数：运行在10000张验证图像的验证函数，包含参数loss，1D张量；top1_error，1D张量；vali_data，4D张量；vali_labels，1D张量；batch_data，4D张量；batch_label，1D张量。返回平均损失和误差损失。

```
def full_validation(self, loss, top1_error, session, vali_data, vali_labels,
                    batch_data,batch_label):
        #批次大小为10000
        num_batches = 10000 // FLAGS.validation_batch_size
        #随机排序
        order = np.random.choice(10000, num_batches * FLAGS.validation_
                    batch_size)
        #验证数据子集vali_data_subset从order开始
        vali_data_subset = vali_data[order, ...]
        #验证标签子集vali_labels_subset为order的标签
        vali_labels_subset = vali_labels[order]
        #定义损失列表loss_list
        loss_list = []
        #定义误差列表error_list
        error_list = []
        #对range进行step次遍历num_batches
        for step in range(num_batches):
            #定义偏移offset为步数step*验证批次大小validation_batch_size
            offset = step * FLAGS.validation_batch_size
            #定义填充字典feed_dict
            feed_dict = {self.image_placeholder: batch_data,
                         self.label_placeholder:batch_label,
                         self.vali_image_placeholder:
                                vali_data_subset[offset:offset+FLAGS.
                                validation_batch_size, ...],
                         self.vali_label_placeholder:
                                vali_labels_subset[offset:offset+FLAGS.
                                validation_batch_size],
```

```
                    self.lr_placeholder:FLAGS.init_lr}
            # 定义损失值 loss_value，顶层误差值为 top1_error_value
            loss_value, top1_error_value = session.run([loss, top1_error],
                                                        feed_dict=feed_dict)
            # 更新损失列表 loss_list
            loss_list.append(loss_value)
            # 更新误差列表 error_list
            error_list.append(top1_error_value)
        # 返回损失列表的平均值，误差列表的平均值
        return np.mean(loss_list), np.mean(error_list)
```

3）cifar10_test.py 文件定义了 Test 类，用来预测图像的类别。其中分别定义了测试函数、获取顶层标签函数、显示结果函数。

```
cifar10_test.py
# 从 resnet 中导入所有函数
from resnet import *
# 从 datetime 中导入 datetime
from datetime import datetime
# 导入 time 包
import time
# 从 cifar10_input 中导入所有函数
from cifar10_input import *
# 以 pd 的形式导入 pandas
import pandas as pd
# 从 PIL 中导入 Image
from PIL import Image
# 导入 numpy
import numpy
# 导入 os
import os
#Test 类
class Test(object):
    # 定义初始化函数
    def __init__(self,pathname):
        # 测试图像路径为路径名称
        self.test_image_path=pathname
        # 测试图像占位符，参数包括占位符类型、测试批次大小、图像信息
        self.test_image_placeholder = tf.placeholder(dtype=tf.float32,
                                                      shape=[FLAGS.test_batch_
                                                             size,
        IMG_HEIGHT,IMG_WIDTH,IMG_DEPTH])
        # 测试图像数组
        self.test_image_array=[]
    # 定义测试函数
    def test(self):
```

```
    #测试图像数组
    def __init__(self,pathname):
        #路径地址为测试路径地址
        pathDir = os.listdir(self.test_image_path)
        #遍历路径地址
        for allDir in pathDir:
            #将测试图像数据的地址加入child中
            child = os.path.join('%s%s' % (self.test_image_path, allDir))
            #测试图像为32×32大小的数组
            testimage = numpy.asarray(Image.open(child).resize((32, 32),
                                      Image.ANTIALIAS))
            #将测试图像加入测试图像数组中
            test_image_array.append(testimage)
        #将测试图像转化为数组类型
        self.test_image_array = numpy.array(test_image_array)
        #统计测试图像数量
        num_test_images = len(self.test_image_array)
        #统计批次数量
        num_batches = num_test_images // FLAGS.test_batch_size
        #统计剩余图像
        remain_images = num_test_images % FLAGS.test_batch_size
        print '%i test batches in total...' %num_batches
        #定义比数logits占位符为图像占位符、残差构件的数目、不可重新使用
        logits = inference(self.test_image_placeholder,
                           FLAGS.num_residual_blocks,
                           reuse=False)
        #定义预测predictions等于softmax(logits)
        predictions = tf.nn.softmax(logits)
        #将训练中所有变量保存到saver中
        saver = tf.train.Saver(tf.all_variables())
        #定义一个新的会话sess
        sess = tf.Session()
        #从FLAGS.test_ck pt_path恢复会话
        saver.restore(sess, FLAGS.test_ckpt_path)
        #输出从FLAGS.test_ckpt_path恢复模型
        print 'Model restored from ', FLAGS.test_ckpt_path
        #定义预测数组
        prediction_array = np.array([]).reshape(-1, NUM_CLASS)
        #对range进行step次遍历num_batches
        for step in range(num_batches):
        #如果步数step能被10整除
        if step % 10 == 0:
            #输出完成步数step批次
            print '%i batches finished!' %step
            #偏移为(步数*测试批次大小)
            offset = step * FLAGS.test_batch_size
            #测试图像更新为[offset:offset+FLAGS.test_batch_size, ...]
            test_image_batch =
                    self.test_image_array[offset:offset+FLAGS.test_batch_
                    size, ...]
```

```
                    # 批次预测数组与预测、测试图像占位符、测试图像批次有关
                    batch_prediction_array = sess.run(predictions,
                                        feed_dict={self.test_image_placeholder:
                                                    test_image_batch})
                    # 预测数组连接
                     prediction_array = np.concatenate((prediction_array, batch_
                     prediction_array))
                # 如果残余图像不为 0
                if remain_images != 0:
                    self.test_image_placeholder = tf.placeholder(dtype=tf.float32,
                                                    shape=[remain_images,
                                                            IMG_HEIGHT,
                                                            IMG_WIDTH,
                                                            IMG_DEPTH])
                    logits = inference(self.test_image_placeholder,
                                        FLAGS.num_residual_blocks,
                                        reuse=True)
                    # 定义预测 predictions 等于 softmax(logits)
                    predictions = tf.nn.softmax(logits)
                    # 定义测试图像批次为具有残余图像参数的测试图像数组
                    test_image_batch = self.test_image_array[-remain_images:, ...]
                    # 批次预测数组与预测、测试图像占位符、测试图像批次有关
                    batch_prediction_array = sess.run(predictions,
                                        feed_dict={self.test_image_placeholder:
                                                        test_image_batch})
                    # 预测数组连接
                     prediction_array = np.concatenate((prediction_array, batch_
                     prediction_array))
                self.prediction_array=prediction_array
                # 返回预测数组
                return prediction_array
# 定义获取顶层标签函数，参数为 predict_array
def get_top_1_label(self,predict_array):
    # 定义数组维度为预测数组长度
    array_dim = len(predict_array)
    # 预测标签初始化，为零
    predict_label = 0
    # 最大预测值为预测数组第一个值
    maxpredict = predict_array[0]
    # 遍历数组维度
    for i in range(array_dim):
        # 如果最大预测值小于当前值
        if maxpredict < predict_array[i]:
                # 更新最大预测值为当前值
                maxpredict = predict_array[i]
                # 预测标签为 i
                predict_label = i
        # 返回预测标签
        return predict_label
    # 定义显示 top_k 结果函数，参数为 k
```

```
def disp_k_result(self,k):
    # 类别标签
    label_name = ['airplane', 'automobile', 'bird', 'cat', 'deer', 'dog',
                  'frog', 'horse', 'ship', 'truck']
    # 遍历 k
    for i in range(k):
        # 定义临时图片数组，存放测试图像
        tempimage = Image.fromarray(self.test_image_array[i, ...])
        # 图像名为测试图像 +i
        imagename='test%i.jpg'%i
        # 存储图像名
        tempimage.save(imagename)
        # 定义临时预测标签
        temp_predict_label = self.get_top_1_label(self.prediction_array[i, ...])
        # 输出图像名加预测值加标签名
        print imagename+'  predict:  '+label_name[temp_predict_label]
```

4）cifar10_input.py 文件自动地下载并提取 cifar10 数据，读入训练数据、验证数据，并对数据做水平翻转、裁剪、白化等操作。

```
cifar10_input.py
# 导入 tarfile 包，主要用于压缩、解压 tar 文件
import tarfile
# 从 six.moves 中导入 urllib 包，主要用于操作 url
from six.moves import urllib
# 导入 sys 包，主要包含 Python 解释器和与它的环境有关的函数
import sys
# 以 np 的形式导入 numpy 包，主要用于利用数组表示向量、矩阵数据结构
import numpy as np
# 导入 cPickle 包，主要用于将内存中的对象转换成为文本流
import cPickle
# 导入 os 包，包括各种各样的函数，以实现操作系统的许多功能
import os
# 导入 cv2 包，包含 OpenCV 主要函数
import cv2
# 数据路径
data_dir = 'cifar10_data'
# 数据完全路径
full_data_dir = 'cifar10_data/cifar-10-batches-py/data_batch_'
# 验证数据路径
vali_dir = 'cifar10_data/cifar-10-batches-py/test_batch'
# 数据的统一资源定位符
DATA_URL = 'http://www.cs.toronto.edu/~kriz/cifar-10-python.tar.gz'
# 图像宽度
IMG_WIDTH = 32
# 图像高度
IMG_HEIGHT = 32
```

```
# 图像深度
IMG_DEPTH = 3
# 类的数目
NUM_CLASS = 10
# 训练随机标签 TRAIN_RANDOM_LABEL 为假          # 想要从训练数据中使用随机标签
TRAIN_RANDOM_LABEL = False # Want to use random label for train data?
# 验证随机标签 VALI_RANDOM_LABEL 为假          # 想要从验证集使用随机标签
VALI_RANDOM_LABEL = False # Want to use random label for validation?
# 训练批次数 NUM_TRAIN_BATCH 为 5        # 想要读入多少文件批次，从 0 到 5
NUM_TRAIN_BATCH = 5# How many batches of files you want to read in, from 0 to 5)
# 全批次大小
EPOCH_SIZE = 10000 * NUM_TRAIN_BATCH
# 下载提取函数，会自动地下载并提取 cifar10 数据
def maybe_download_and_extract():
        # 目标目录 dest_directory 为 data_dir
        dest_directory = data_dir
        # 如果指定目录不存在，则创建目标目录
        if not os.path.exists(dest_directory):
            # 生成目录（dest_directory）
            os.makedirs(dest_directory)
            # 文件名为数据的统一资源定位符以 '/' 分割
            filename = DATA_URL.split('/')[-1]
            # 文件路径 filepath 将文件名 filename 加入目标目录
            filepath = os.path.join(dest_directory, filename)
            # 如果数据文件不存在，则从指定的网址下载数据文件
            if not os.path.exists(filepath):
                #_progress 函数
                def _progress(count, block_size, total_size):
                    sys.stdout.write('\r>> Downloading %s %.1f%%'
                        % (filename, float(count *block_size)/float(total_size) *
                          100.0))
                    # 刷新缓冲池，输出指定字符串
                    sys.stdout.flush()
                    # 从网络地址下载数据文件
                    filepath, _ = urllib.request.urlretrieve(DATA_URL, filepath,
                                  _progress)
                    # 文件状态
                    statinfo = os.stat(filepath)
                      print('Successfully downloaded', filename, statinfo.st_
                      size, 'bytes.')
                    # 数据文件解压
                    tarfile.open(filepath, 'r:gz').extractall(dest_directory)
```

读取数据函数：训练数据总共包含五个数据批次。验证数据只有一个批次。函数的参数是输入数据的目录地址以及是否生成随机标签，函数的返回值是图像和对应的标签数组，包含参数 path 和 is_random_label，返回训练数据和标签。

```
def _read_one_batch(path, is_random_label):
    # 打开指定数据文件
    fo = open(path, 'rb')
    # 读取数据并存储至dicts中
    dicts = cPickle.load(fo)
    # 关闭文件
    fo.close()
    # 获取dicts中的data数据
    data = dicts['data']
    # 获取dicts中的label数据
    if is_random_label is False:
        # 标签label为标签词典数组
        label = np.array(dicts['labels'])
        else:
        # 标签labels从low为0到high为10、大小为10000中随机产生整型数
        labels = np.random.randint(low=0, high=10, size=10000)
        # 标签label为labels数组
        label = np.array(labels)
    # 返回数据，标签
    return data, label
```

读入训练数据和验证数据函数：这个函数读入所有训练数据或者验证数据，如果需要随机排序，使用随机函数生成排序并且返回图像。返回训练数据和训练标签。

```
def read_in_all_images(address_list, shuffle=True, is_random_label = False):
    data = np.array([]).reshape([0, IMG_WIDTH * IMG_HEIGHT * IMG_DEPTH])
    label = np.array([])
    # 对address_list进行address 次遍历
    for address in address_list:
        # 输出Reading images from 与地址
        print 'Reading images from ' + address
        # 数据批次batch_data，标签批次batch_label读地址、随机标签
        batch_data, batch_label = _read_one_batch(address, is_random_label)
        # 数据data为data与batch_data的连接
        data = np.concatenate((data, batch_data))
        # 标签label为label与batch_label的连接
        label = np.concatenate((label, batch_label))
        # 数据数目num_data为标签长度
        num_data = len(label)
        # 将数据data重塑为(数据数目，图像高度*图像宽度，图像深度)
        data = data.reshape((num_data,
                                    IMG_HEIGHT * IMG_WIDTH,
                                    IMG_DEPTH),
                                order='F')
        # 将数据data重塑为(数据数目，图像高度，图像宽度，图像深度)
        data = data.reshape((num_data,
```

```
                                        IMG_HEIGHT,
                                        IMG_WIDTH,
                                        IMG_DEPTH))
        # 重新排序
        if shuffle is True:
            # 输出 'Shuffling'
            print 'Shuffling'
            # 顺序为数据数目置换检验
            order = np.random.permutation(num_data)
            # 数据为从 order 开始的 data 列表
            data = data[order, ...]
            # 标签为从 order 开始的 label 列表
            label = label[order]
        # 数据 data 为 float32
        data = data.astype(np.float32)
        # 返回数据，标签
        return data, label
```

水平翻转函数：以 50% 的概率翻转一张图像，包含参数 image，3D 张量；axis，0 代表垂直翻转，1 代表水平翻转；返回翻转之后的 3D 图像。

```
def horizontal_flip(image, axis):
    # 翻转支撑 flip_prop 为从 low 为 0 到 high 为 2 的随机整数
    flip_prop = np.random.randint(low=0, high=2)
    # 如果翻转支撑 flip_prop 为 0
    if flip_prop == 0:
        # 图像 image 沿 axis 翻转
        image = cv2.flip(image, axis)
        # 返回图像
    return image
```

白化图像函数：将图像白化，参数为 image_np，返回白化后的图像。

```
def whitening_image(image_np):
    # 对 range 进行 i 次遍历
    for i in range(len(image_np)):
        # 平均值 mean 为 image_np 列表的平均值
        mean = np.mean(image_np[i, ...])
        # 标准 std 为 image_np 中最大值，图像高度 * 图像宽度 * 图像深度平方根的倒数
        std = np.max([np.std(image_np[i, ...]),
                     1.0/np.sqrt(IMG_HEIGHT * IMG_WIDTH * IMG_DEPTH)])
        #image_np 为 (image_np- 平均值) /std
        image_np[i,...] = (image_np[i, ...] - mean) / std
        # 返回 image_np
return image_np
```

随机裁剪和翻转函数：随机裁剪和随机翻转图像批次。包含参数 padding_size，整型；batch_data，4D 张量；返回随机裁剪和翻转后的图像。

```
def random_crop_and_flip(batch_data, padding_size):
    cropped_batch = np.zeros(len(batch_data) * IMG_HEIGHT *IMG_WIDTH *IMG_
DEPTH)
                                        .reshape(len(batch_data),
                                                 IMG_HEIGHT,
                                                 IMG_WIDTH,
                                                 IMG_DEPTH)

    # 对 range 进行 i 次遍历
    for i in range(len(batch_data)):
        #x 偏置为从 low 为 0 到 high 为 2* 补丁大小、大小为 1 的随机整型数
        x_offset = np.random.randint(low=0, high=2 * padding_size, size=1)[0]
        #y 偏置为从 low 为 0 到 high 为 2* 补丁大小、大小为 1 的随机整型数
        y_offset = np.random.randint(low=0, high=2 * padding_size, size=1)[0]
        # 裁剪批次 cropped_batch 为批次数据从 i 开始
        #x 偏置为 x 偏置加图像高度，y 偏置为 y 偏置加图像宽度
         cropped_batch[i, ...] = batch_data[i, ...][x_offset:x_offset+IMG_
                                 HEIGHT,
                                 y_offset:y_offset+IMG_WIDTH, :]
        # 裁剪批次为水平翻转，图像为裁剪批次，翻转轴为 1
         cropped_batch[i, ...] = horizontal_flip(image=cropped_batch[i, ...], axis=1)
    # 返回裁剪批次
    return cropped_batch
```

准备训练数据函数：读取所有训练数据到 numpy 数组，在图像添加值为 0 的边框，包含参数 padding_size，格式为整型。返回所有训练数据及相关标签。

```
def prepare_train_data(padding_size):
    # 定义路径列表 path_list
    path_list = []
    # 对 range 进行 i 次遍历
    for i in range(1, NUM_TRAIN_BATCH+1):
        # 更新路径列表为数据全目录加字符串 i
        path_list.append(full_data_dir + str(i))
        # 读取图像数据 data，标签 label
        data, label = read_in_all_images(path_list,
                                         is_random_label=TRAIN_RANDOM_LABEL)
        # 设置边框大小
        pad_width = ((0, 0), (padding_size, padding_size), (padding_size,
                    padding_size), (0, 0))
        # 图像数据添加边框
         data = np.pad(data, pad_width=pad_width, mode='constant', constant_values=0)
    # 返回数据、标签
```

```
    return data, label
# 读取验证集数据函数，取验证数据，同时白化
def read_validation_data():
    # 验证数组 validation_array，验证标签 validation_labels
    validation_array, validation_labels = read_in_all_images([vali_dir],
                                         is_random_label=VALI_RANDOM_LABEL)
    # 验证数组 validation_array 为白化图像 validation_array
    validation_array = whitening_image(validation_array)
    # 返回验证数组、验证标签
    return validation_array, validation_labels
```

5）resnet.py 文件定义了 ResNet 的网络模型，包括输出层、批次正则化层、卷积层、残差模块函数等。

```
resnet.py
# 以 np 的形式导入 numpy，主要用于利用数组表示向量、矩阵数据结构
import numpy as np
# 从 hyper_parameters 导入所有的包，主要包括各种超参的声明
from hyper_parameters import *
# 定义 BM_EPSILON 为 0.001
BN_EPSILON = 0.001
# 激活总结函数，参数 x 为一个张量，加入直方图总结和张量稀疏标量总结
def activation_summary(x):
    # 张量名 tensor_name 为 x.op.name
    tensor_name = x.op.name
    # 直方图为张量名加激活函数
    tf.summary.histogram(tensor_name + '/activations', x)
    # 标量为张量名加稀疏度
    tf.summary.scalar(tensor_name + '/sparsity', tf.nn.zero_fraction(x))
# 创建变量函数，包含参数 name、shape、initializar
def create_variables(name, shape, initializer=tf.contrib.layers.xavier_
                initializer(), is_fc_layer=False):
    # 如果 is_fc_layer 为真
    if is_fc_layer is True:
        # 正则表达式 regularizer 为张量，权重衰减表达式
        regularizer = tf.contrib.layers.l2_regularizer(scale=FLAGS.weight_decay)
    else:
        # 正则表达式 regularizer 为张量，权重衰减表达式
        regularizer = tf.contrib.layers.l2_regularizer(scale=FLAGS.weight_decay)
        # 定义新变量 new_variables 名称、外形、初始值、正则表达式
        new_variables = tf.get_variable(name, shape=shape,
                                        initializer=initializer,
                                        regularizer=regularizer)
    # 返回新变量
    return new_variables
# 输出层函数，包含参数 input_layer，类型为 2D 张量；参数 num_labels，类型为整型
def output_layer(input_layer, num_labels):
```

```
    #输入维度 input_dim 为输入层重塑
    input_dim = input_layer.get_shape().as_list()[-1]
    #全连接权重 fc_w 创建变量，名称为 fc_weights，外形为 [ 输入维度，标签数 ]，
    #is_fc_layer 为真，初始值为同一单元缩放比例初始值
    fc_w = create_variables(name='fc_weights',
                            shape=[input_dim, num_labels],
                            is_fc_layer=True,
                            initializer=tf.uniform_unit_scaling_initializer
                            (factor=1.0))
    #创建全连接偏置 fc_b 变量，初始值为零化初始值
    fc_b = create_variables(name='fc_bias', shape=[num_labels], initializer=tf.
        zeros_initializer())
    #全连接函数 fc_h 为输入层矩阵与全连接权重矩阵相乘加全连接偏置
    fc_h = tf.matmul(input_layer, fc_w) + fc_b
    #返回全连接输出
    return fc_h
#批次正则化层函数，参数 input_layer，格式为 4D 张量；参数 dimension，格式为 4D 张量
#返回值为正则化后的 4D 张量
def batch_normalization_layer(input_layer, dimension):
    #平均值 mean，方差 variance 为输入层、轴 [0,1,2] 的力矩
    mean, variance = tf.nn.moments(input_layer, axes=[0, 1, 2])
    #定义变量 beta，类型为 beta，参数包括维度、类型、初始值
    beta = tf.get_variable('beta',
                            dimension,
                            tf.float32,
                            initializer=tf.constant_initializer(0.0, tf.float32))
    #定义变量 gamma，参数包括维度、类型、初始值
    gamma = tf.get_variable('gamma',
                            dimension,
                            tf.float32,
                            initializer=tf.constant_initializer(1.0, tf.float32))
    #定义批次正则化层为输入层，参数包括平均值、方差、beta、gamma、BN_EPSILON
    bn_layer = tf.nn.batch_normalization(input_layer,
                                         mean,
                                         variance,
                                         beta,
                                         gamma,
                                         BN_EPSILON)

    #返回 bn_layer
    return bn_layer

#卷积块，包括卷积、批次正则化、线性调整单元层，
#包含参数：input_layer，4D 张量；filter_shape，列表；stride，整型。
#返回值：Y = Relu(batch_normalize(conv(X)))，格式为 4D 张量
def conv_bn_relu_layer(input_layer, filter_shape, stride):
    #输出通道 out_channel 为滤波器 [-1]
    out_channel = filter_shape[-1]
    #滤波器 filter 为创建变量，名称为 conv，外形为 filter_shape
```

```
    filter = create_variables(name='conv', shape=filter_shape)
    #卷积层 conv_layer 为输入层、滤波器，步长为 [1,,stride,stride,1]，边框为 SAME
    conv_layer = tf.nn.conv2d(input_layer,
                              filter,
                              strides=[1, stride, stride, 1],
                              padding='SAME')
    #批次正则化层 bn_layer 为将卷积层和输出通道批次正则化
    bn_layer = batch_normalization_layer(conv_layer, out_channel)
    #输出层为 relu(bn_layer)
    output = tf.nn.relu(bn_layer)
    #返回输出
    return output
#卷积块，批量卷积。先归一化数据，再使用激活函数，最后添加卷积操作
def bn_relu_conv_layer(input_layer, filter_shape, stride):
    #输入通道 in_channel 输入层外形列表
    in_channel = input_layer.get_shape().as_list()[-1]
    #批次正则化层 bn_layer 为将卷积层和输出通道批次正则化
    bn_layer = batch_normalization_layer(input_layer, in_channel)
    #线性单元层 relu_layer 为 relu(bn_layer)
    relu_layer = tf.nn.relu(bn_layer)
    #滤波器 filter 为创建变量，名称为 conv，外形为 filter_shape
    filter = create_variables(name='conv', shape=filter_shape)
    conv_layer = tf.nn.conv2d(relu_layer,
                              filter,
                              strides=[1, stride, stride, 1],
                              padding='SAME')
    return conv_layer
#定义残差模块函数，在 ResNet 中定义残差构件
#参数 input_layer，格式为 4D 张量；参数 output_channel，格式为整型
#返回 4D 张量的残差构件
def residual_block(input_layer, output_channel, first_block=False):
    #输入通道 input_channel 为输入层外形列表 [-1]
    input_channel = input_layer.get_shape().as_list()[-1]
    #如果输入通道 *2 为输出通道
    if input_channel * 2 == output_channel:
        #增加维度 increase_dim 为真
        increase_dim = True
        #步长为 2
        stride = 2
        #又或者输入通道为输出通道
    elif input_channel == output_channel:
        #增加维度为假
        increase_dim = False
        #步长为 1
        stride = 1
    else:
        #报错 Output and input channel does not match in residual blocks!!!
        raise ValueError('Output and input channel does not match in residual
```

```
                blocks!!!')
    with tf.variable_scope('conv1_in_block'):
        #如果是第一块
        if first_block:
            #创建滤波器filter，名称为conv，尺寸为[3, 3, input_channel, output_channel]
            filter = create_variables(name='conv', shape=[3, 3, input_channel,
                                      output_channel])
            #卷积层1为输入层、滤波器，步长为[1,1,1,1]，补丁为SAME的2D卷积
            conv1 = tf.nn.conv2d(input_layer,
                                 filter=filter,
                                 strides=[1, 1, 1, 1],
                                 padding='SAME')
        else:
            #创建卷积块1
            conv1 = bn_relu_conv_layer(input_layer,
                                       [3, 3, input_channel, output_channel],
                                       stride)
    with tf.variable_scope('conv2_in_block'):
        #创建卷积块2
        conv2 = bn_relu_conv_layer(conv1, [3, 3, output_channel, output_
                                   channel], 1)
        #如果增加维度increase_dim为真
        if increase_dim is True:
            #池化输入pooled_input为输入层
            #池化核大小为[1,2,2,1]，步长为[1,2,2,1]，允许添加边框
            pooled_input = tf.nn.avg_pool(input_layer,
                                          ksize=[1, 2, 2, 1],
                                          strides=[1, 2, 2, 1],
                                          padding='VALID')
            #池化后填充池化后的输出
            padded_input = tf.pad(pooled_input,
                                  [[0, 0], [0, 0], [0, 0],
                                  [input_channel // 2,
                                  input_channel // 2]])
        else:
            #填充输入padded_input为输入层
            padded_input = input_layer
            #输出output为卷积层2+填充输入
            output = conv2 + padded_input
    return output
#定义ResNet的主函数=1+2n+2n+2n*1=6n+2
#参数input_tensor_batch，格式为4D张量；参数n，格式为整型
#参数reuse，格式为布尔型，reuse为真，能够重复使用
#验证图与训练图共享的权重，返回ResNet残差构件
def inference(input_tensor_batch, n, reuse):
    #层数列表layers
    layers = []
```

```
with tf.variable_scope('conv0', reuse=reuse):
    # 卷积层 0 为卷积、批次正则化、线性调整单元层
    conv0 = conv_bn_relu_layer(input_tensor_batch, [3, 3, 3, 16], 1)
    # 激活总结 activation_summary(conv0)
    activation_summary(conv0)
    # 更新层 layers.append(conv0)
    layers.append(conv0)
# 对 range 进行 i 次遍历
for i in range(n):
    with tf.variable_scope('conv1_%d' %i, reuse=reuse):
        # 如果 i==0
        if i == 0:
            # 卷积层 1 为层 [-1]、大小为 16 的第一残差构件
            conv1 = residual_block(layers[-1], 16, first_block=True)
        else:
            # 卷积层 1 为层 [-1]、大小为 16 的残差构件
            conv1 = residual_block(layers[-1], 16)
            # 激活总结 activation_summary(conv1)
    activation_summary(conv1)
    # 更新层 layers.append(conv1)
    layers.append(conv1)
for i in range(n):
    with tf.variable_scope('conv2_%d' %i, reuse=reuse):
        conv2 = residual_block(layers[-1], 32)
    # 激活总结 activation_summary(conv1)
    activation_summary(conv2)
    # 更新层 layers.append(conv1)
    layers.append(conv2)
for i in range(n):
    with tf.variable_scope('conv3_%d' %i, reuse=reuse):
        # 卷积层 3 为层 [-1]、大小为 64 的残差构件
        conv3 = residual_block(layers[-1], 64)
    # 更新层 layers.append(conv1)
    layers.append(conv3)
    # 断言卷积层 3 外形列表为 [8,8,64]
    assert conv3.get_shape().as_list()[1:] == [8, 8, 64]
with tf.variable_scope('fc', reuse=reuse):
    # 输入通道 in_channel 为层 [-1]. 通道
    in_channel = layers[-1].get_shape().as_list()[-1]
    # 批处理正则化层 bn_layer 为正则化层 [-1], 输入通道
    bn_layer = batch_normalization_layer(layers[-1], in_channel)
    # 线性调整单元层为 relu(bn_layer)
    relu_layer = tf.nn.relu(bn_layer)
    # 全局池化 global_pool 为 relu_layer、[1, 2] 的平均值
    global_pool = tf.reduce_mean(relu_layer, [1, 2])
    # 断言全局池化外形列表为 [64]
    assert global_pool.get_shape().as_list()[-1:] == [64]
    # 输出层 output 与全局池化有关
    output = output_layer(global_pool, 10)
    # 更新 output
```

```
        layers.append(output)
        # 返回层[-1]
        return layers[-1]
# 测试图函数，在tensorboard上运行此函数来看图结构
def test_graph(train_dir='logs'):
    # 输入张量input_tensor为常量[128, 32, 32, 3]，类型为float32
    input_tensor = tf.constant(np.ones([128, 32, 32, 3]), dtype=tf.float32)
    # 结果result为输入张量的推理
    result = inference(input_tensor, 2, reuse=False)
    # 初始值ini为初始所有变量
    init = tf.initialize_all_variables()
    # 创建会话sess
    sess = tf.Session()
    # 运行init
    sess.run(init)
    # 总结编辑summary_writer为将sess.graph写入train_dir
    summary_writer = tf.train.SummaryWriter(train_dir, sess.graph)
```

6）hyper_parameters.py文件存放各种变量的值，这样做的好处是可以很方便地修改超参，大大提高了调试的效率。

```
hyper_parameters.py
# 以tf的形式导入TensorFlow
import TensorFlow as tf
# 标志FLAGS
FLAGS = tf.app.flags.FLAGS
# 定义字符串标志('version', test_110，定义保存日志和检查点的目录的版本号)
tf.app.flags.DEFINE_string('version','test_110',
                        '''A version number defining the directory to save logs
                        and checkpoints''')
# 定义整型标志(report_freq, 391，步骤用于输出屏幕上的错误并编写摘要)
tf.app.flags.DEFINE_integer('report_freq',391,
                            '''Steps takes to output errors on the screen and
                            write summaries''')
# 定义浮点数标志train_ema_decay，训练错误移动平均线显示在tensorboard的衰减因子)
tf.app.flags.DEFINE_float('train_ema_decay',0.95,
                       '''The decay factor of the train error's moving average
                       shown on tensorboard''')
# 定义整型标志(train_steps, 80000，想要训练的总步数)
tf.app.flags.DEFINE_integer('train_steps', 80000, '''Total steps that you want
                          to train''')
# 定义布尔型标志(is_full_validation', 假，验证/全验证设置或随机批次)
tf.app.flags.DEFINE_boolean('is_full_validation', False,
                             '''Validation w/ full validation set or a random
                            batch''')
# 定义整型标志(train_batch_size, 128，训练批次大小)
tf.app.flags.DEFINE_integer('train_batch_size', 128, '''Train batch size''')
# 定义整型标志(validation_batch_size, 250，验证批次大小
tf.app.flags.DEFINE_integer('validation_batch_size', 250,
                            '''Validation batch size, better to be a divisor of
```

```
                              10000 for this task''')
#定义整型标志（test_batch_size，125，测试批次大小）
tf.app.flags.DEFINE_integer('test_batch_size', 125, '''Test batch size''')
#定义浮点数标志（init_lr，0.1，初始化学习率）
tf.app.flags.DEFINE_float('init_lr', 0.1, '''Initial learning rate''')
#定义浮点数标志（lr_decay_factor，0.1，每次学习率想要衰减多少）
tf.app.flags.DEFINE_float('lr_decay_factor', 0.1,
                          '''How much to decay the learning rate each time''')
#定义整型标志（decay_step0，40000，在哪一步衰减权重学习率）
tf.app.flags.DEFINE_integer('decay_step0', 40000,
                            '''At which step to decay the learning rate''')
#定义整型标志（decay_step1，60000，在哪一步衰减偏置学习率）
tf.app.flags.DEFINE_integer('decay_step1', 60000,
                          '''At which step to decay the learning rate''')
#定义整型标志（num_residual_blocks，5，残差构件的个数）
tf.app.flags.DEFINE_integer('num_residual_blocks', 5,
                            '''How many residual blocks do you want''')
#定义浮点数标志（weight_decay，0.0002，L2 范式的标量）
tf.app.flags.DEFINE_float('weight_decay', 0.0002, '''scale for l2
                              regularization''')
#定义整型标志（padding_size，2，在数据变量中在图像每边零补丁的层）
tf.app.flags.DEFINE_integer('padding_size', 2,
                            '''In data augmentation, layers of zero padding on
                            each side of the image''')
#定义字符串标志（ckpt_path，赋初值 cache/logs_repeat20/model.ckpt-100000，恢复检查点目录）
tf.app.flags.DEFINE_string('ckpt_path',
                            'cache/logs_repeat20/model.ckpt-100000',
                            '''Checkpoint directory to restore''')
#定义布尔型标志（is_use_ckpt，False，是否载入检查点并继续训练）
tf.app.flags.DEFINE_boolean('is_use_ckpt', False,
                            '''Whether to load a checkpoint and continue
                            training''')
#定义字符串标志（test_ckpt_path，model_110.ckpt-79999，恢复检查点目录）
tf.app.flags.DEFINE_string('test_ckpt_path', 'model_110.ckpt-79999',
                            '''Checkpoint directory to restore''')
#训练目录 train_dir 为 logs_ 加标志版本加 "/"
train_dir = 'logs_' + FLAGS.version + '/'
#测试目录 testdata
test_dir='testdata/'
```

2.3.5 实验结果及分析

1. 实验运行

用户可以通过在终端输入 python cifar10_main.py 来执行该实例。训练以及测试的截图如图 2-10 ～图 2-14 所示。

```
2017-08-07 16:38:26.833911: W tensorflow/core/platform/cpu_feature_guard.cc:45]
The TensorFlow library wasn't compiled to use SSE4.1 instructions, but these are
 available on your machine and could speed up CPU computations.
2017-08-07 16:38:26.923079: W tensorflow/core/platform/cpu_feature_guard.cc:45]
The TensorFlow library wasn't compiled to use SSE4.2 instructions, but these are
 available on your machine and could speed up CPU computations.
2017-08-07 16:38:26.923089: W tensorflow/core/platform/cpu_feature_guard.cc:45]
The TensorFlow library wasn't compiled to use AVX instructions, but these are av
ailable on your machine and could speed up CPU computations.
2017-08-07 16:38:26.923093: W tensorflow/core/platform/cpu_feature_guard.cc:45]
The TensorFlow library wasn't compiled to use AVX2 instructions, but these are a
vailable on your machine and could speed up CPU computations.
2017-08-07 16:38:26.923097: W tensorflow/core/platform/cpu_feature_guard.cc:45]
The TensorFlow library wasn't compiled to use FMA instructions, but these are av
ailable on your machine and could speed up CPU computations.
Start training...
----------------------------
2017-08-07 16:38:37.656325: step 0, loss = 2.4282 (36.0 examples/sec; 3.553 sec/
batch)
Train top1 error =  0.882812
Validation top1 error = 0.9200
Validation loss =  2.36543
----------------------------
```

图 2-10 开始训练 ResNet

```
----------------------------
2017-08-07 16:58:18.834639: step 391, loss = 1.2917 (43.9 examples/sec; 2.917 se
c/batch)
Train top1 error =  0.421875
Validation top1 error = 0.4200
Validation loss =  1.09645
----------------------------
2017-08-07 17:17:28.166088: step 782, loss = 1.0345 (44.0 examples/sec; 2.912 se
c/batch)
Train top1 error =  0.289062
Validation top1 error = 0.3360
Validation loss =  0.919497
```

图 2-11 ResNet 训练第 782 步

```
ec/batch)
Train top1 error =  0.0703125
Validation top1 error = 0.1680
Validation loss =  0.533297
----------------------------
2017-08-09 03:44:04.868866: step 8993, loss = 0.5914 (41.6 examples/sec; 3.077 s
ec/batch)
Train top1 error =  0.125
Validation top1 error = 0.1560
Validation loss =  0.427356
----------------------------
2017-08-09 04:03:50.450993: step 9384, loss = 0.5793 (42.8 examples/sec; 2.989 s
ec/batch)
Train top1 error =  0.109375
Validation top1 error = 0.1280
Validation loss =  0.347362
----------------------------
2017-08-09 04:23:35.513935: step 9775, loss = 0.5286 (42.5 examples/sec; 3.011 s
ec/batch)
Train top1 error =  0.101562
Validation top1 error = 0.1120
Validation loss =  0.409142
```

图 2-12 ResNet 训练第 9775 步

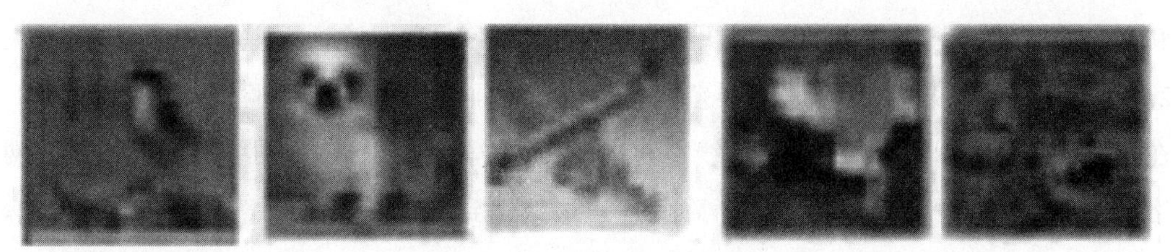

图 2-13　ResNet 测试图片

```
Model restored from  logs_test_110/model.ckpt-9999
0 batches finished!
test0.jpg  predict:  bird
test1.jpg  predict:  dog
test2.jpg  predict:  airplane
test3.jpg  predict:  frog
test4.jpg  predict:  frog
```

图 2-14　ResNet 测试图片类别

2. 测试误差（见图 2-15）

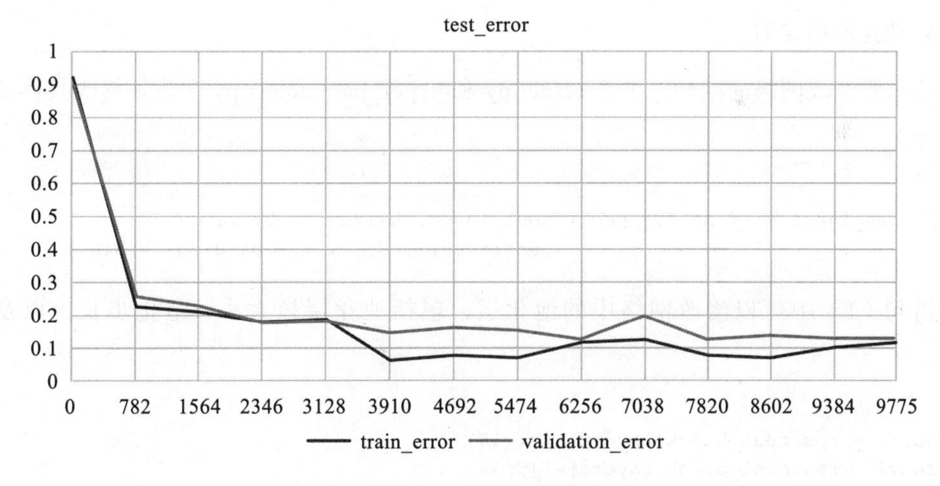

图 2-15　误差曲线

3. 实验结果分析

本实验运行过程包括训练和验证两个部分。从图 2-15 的误差曲线可以看出，在网络 ResNet-34 初期，训练误差和测试误差都会很大。随着迭代次数的增加，训练误差和验证误差有着显著的降低，从开始训练误差 0.898438、验证误差 0.912、验证损失 2.3543 降低到第 9775 步的训练误差 0.117188、验证误差 0.1280、验证损失 0.348188。在进行到 1000 步以上时，误差曲线在 0.1 附近收敛。随着 ResNet 网络层数的增加，网络在 Cifar-10 的测试误差确实有所降低，当层数达到 110 层时，网络的性能达到最优。当 ResNet 网络超过 1000 层时，该网络的优化就很难了，测试误差比 ResNet-110 高出 1.5%，可能是训练网络产生了过拟合现象，而对于相对小的数据集，不必要设计如 1202 层那样深的网络。在数据集上，使用正则化，例如，Maxout 和 Dropout 会得到更好的结果。但是，在本网络中，没有使用 Maxout 或是 Dropout，只是简单地使用正则化设计网络架构。

最后关于测试图片分类效果，由图 2-15 可以看出 ResNet-34 网络在训练 10000 步之后，能够很好地得出测试图片的类别。证明了 ResNet 确实克服了优化困难，当增加了深度时，确实可以获得很好的精确度收益。

4. 调整网络参数

若想要修改网络的结构，可在 resnet.py 和 hyper_parameters.py 中找到修改具体的参数的方法。

```
pooled_input = tf.nn.avg_pool(input_layer, ksize=[1, 2, 2, 1],
                                        strides=[1, 2, 2, 1], padding='VALID')     (1)
```

语句（1）中可以修改网络中的池化层，包括池化层核大小、池化步长，以及有效性。

```
conv1 = residual_block(layers[-1], 16)                                             (2)
conv2 = residual_block(layers[-1], 32)                                             (3)
conv3 = residual_block(layers[-1], 64)                                             (4)
```

语句（2）、（3）、（4）中分别定义了卷积层 1、2、3 中不同残差构件大小。分别为 16 × 16、32 × 32、64 × 64。

```
tf.app.flags.DEFINE_integer('train_steps’ , 80000,
                                        '''Total steps that you want to train''')  (5)
```

语句（5）中定义了训练总步数为 80000 步，可以根据自己的需求进行修改。

```
tf.app.flags.DEFINE_float('lr_decay_factor’ , 0.1,
                        '''How much to decay the learning rate each time''')     (6)
```

语句（6）中定义了每次学习率的衰减因子，学习率较大时，容易在搜索过程中发生震荡，因此需要通过学习率衰减因子来不断动态调整。在本网络中，在第 40000 步和第 60000 步分别有一次学习率衰减的发生。

```
tf.app.flags.DEFINE_integer('train_batch_size', 128, '''Train batch size''')(7)
tf.app.flags.DEFINE_integer('validation_batch_size', 250, )                 (8)
tf.app.flags.DEFINE_integer('test_batch_size', 125, '''Test batch size''')  (9)
```

语句（7）、（8）、（9）分别定义了网络中训练批次大小、验证批次大小、测试批次大小，分别为 128、250、125。对于 Batch 大小的选择，首先决定的是下降的方向，如果数据集比较小，完全可以采用全数据集学习（Full Batch Learning）的形式。对于大的数据集，随着数据集的海量增长和内存限制，一次性载入所有数据变得越来越不可行。如果数据集足够充分，那么用一半（甚至少得多）的数据训练算出来的梯度与用全部数据训练出来的梯度几乎是一样的。

CHAPTER 3

第3章 Caffe深度学习框架搭建与图像语义分割的实现

Caffe（Convolutional Architecture for Fast Feature Embedding）是目前常用的一种深度学习网络开源框架，研究者可以按照该框架定义各种各样的卷积神经网络结构。由于该框架具有表达方便、速度快、组件模块化等突出优势，在视觉、语音以及多媒体等多个领域得到了广泛的应用。

本章将从理论与实战两方面对Caffe深度学习网络框架的发展、结构以及具体的搭建过程进行详细介绍，在最后将以在Caffe深度学习框架下构建全卷积神经网络（Fully Convolutional Networks，FCN），并用该网络进行图像语义分割为实战示例，对该实验过程进行详细描述与分析并给出具体的代码程序。

3.1 Caffe概述

在搭建Caffe深度学习网络框架之前，对Caffe进行整体了解是必不可少的，这将有助于研究者更全面、直观地了解此深度学习框架，因此本节将主要从理论角度出发，分别对Caffe框架的发展、定义、特点以及结构进行详细介绍。

3.1.1 Caffe的特点

Caffe是一个清晰、高效并且开源的深度学习框架。Caffe是纯粹的C++/CUDA架构，支持命令行、Python 和 Matlab 接口，既可以在 CPU 上运行，也可以在 GPU 上运行。其作者是博士毕业于 UC Berkeley 的贾扬清，目前就职于 Google 公司。

Caffe 是一种开源软件框架，内部提供了一套基本的编程框架，或者说一个模板框架，用以实现 GPU 并行架构下的深度学习算法，允许开发者使用已有模块构建不同结构的神经网络，并且可以在此框架下增加用户自定义的模块，设计新的算法。Caffe 可以应用于视觉和语音识别、机器人、神经科学和天文学。Caffe 提供了一个完整的工具包，用来训练、测试、微调和部署模型。

Caffe 有如下 5 个特点：

1）表达方便：模型和优化办法的表达用的是纯文本表达，而不是代码，易于理解，并且设置 GPU 加速或者 CPU 加速仅需一条单独的命令即可。

2）速度快：无论是对于研究人员还是工业级应用来说，对计算速度的要求一直存在。在大规模数据处理过程中，速度也成为模型性能评估的一个重要指标。近期工作研究表明，Caffe 模型能够以 4ms/ 张的速度处理图片，甚至更快。

3）模块化：多个不同的模块按照其功能独立设置与存放，当新任务出现时，设置灵活性和可扩展性强。

4）开放性：从 Caffe 模型推出至今，已有大量的研究者做过大量的科学研究并取得较为优秀的模型或者结果，这些源码和模型公开可见，易于开发者的交流与讨论。同时，科学研究和应用程序可调用同样的代码。

5）社区性：在视觉、语音以及多媒体等多个领域都存在不同的社区供开发者讨论，如 Caffe-users group 和 Github。

3.1.2 Caffe 框架结构

Caffe 由三个基本的原子单位组成：Blobs、Layers 和 Nets。深度学习网络的组成模式表示为数据块工作的内部连接层的集合。在一个特定的模型中，Caffe 定义了从低端到顶层、从输入数据到分类损失、以层为单位构建的（Layer-by-Layer）模型。

在 Caffe 中，数据以 Blobs 形式进行存储、通信和信息操作，并出现在网络的前向传播和反向传播过程中。Blob 是标准阵列和统一内存接口框架。Blob 用来存储数据、参数以及分类损失值。Layer 是网络模型和计算的基础，是网络的基本单元。Net 作为 Layer 的连接和集合，实现网络的搭建。Blob 详细描述了 Layer 与 Layer 或 Net 是如何进行信息存储和通信的。

Blob 数据存储：Caffe 通过“Blobs”，即以四维数组（图像数 N，通道数 K，图像高 H，图像宽 W）的方式存储和传递数据。在布局上，Blob 存储以行为主，因此在网络前向传播过程中，最右边维度变化得最快。例如，在一个 4 维 Blob 中，索引（n，k，h，w）的值的物理位置索引是 $((nK+k)H+h)W+w$。一个 Blob 存储两块内存，即 data 和 diff，前者是前向传播的特征数据，后者是通过网络反向计算的梯度。

Blobs 提供了一个统一的内存接口，用于批量处理图像（或其他数据）、网络参数存储或参数更新。Blob 是对要处理的实际数据的封装，Blobs 使用 SyncedMem 类隐藏了计算和混合 CPU/GPU 的操作，根据需要从主机 CPU 到设备 GPU 进行同步的开销。主机和设备的内存按需分配。大型数据存储在 LevelDB 数据库中。

Layer 网络基本单元：Layer 是模型的本质和计算的基本单元。采用一个或多个 Blobs 作为输入（bottom blobs），并产生一个或多个 Blobs 作为输出（top blobs）。Layer 可以完成多种操作，如卷积滤波、池化（pool）操作、取内积、激活输出（非线性激活函数 / 线性激活函数）和其他元素转换、归一化、载入数据以及计算分类损失。在整体网络操作中，Layer 有两个关键职责，即前向传播，需要输入并产生输出；反向传播，取梯度作为输出，通过参数和输入计算梯度。Caffe 提供了一套完整的层类型。

Net 网络搭建与运行：Caffe 保留所有有向无环层图，确保正确地进行前向传播和反向传播。Caffe 中典型的网络模型是一个开始于数据层、结束于分类损失层的端到端的学习系统，可以使用 CPU 或者 GPU 进行加速计算，分类性能良好并且结果具有可重现性。

图 3-1 所示为 Caffe 整体架构。

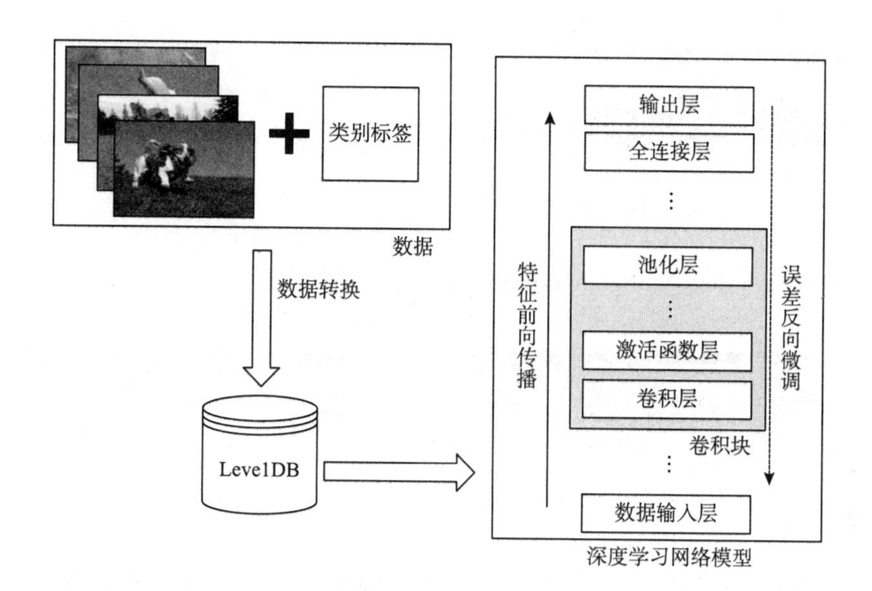

图 3-1　Caffe 整体架构

3.2　Caffe 框架安装与调试

下面介绍在 Ubuntu 14.04 操作系统环境下的 Caffe 安装过程。其他安装环境为 G++/GCC 4.7.X、Python 2.7。

1）在终端输入下列命令安装依赖，主要的依赖环境如与 prototxt 文件相关的 libprotobuf-dev、与 LevelDB 数据库文件相关的 libleveldb-dev、与 OpenCV 相关的 libopencv-dev、与 HDF5 文件相关的 libhdf5-serial-dev 等，见图 3-2。

```
:~$ sudo apt-get install libprotobuf-dev libleveldb-dev libsn
appy-dev libopencv-dev libhdf5-serial-dev protobuf-compiler
```

图 3-2　安装依赖环境

安装 libboost-all-dev 依赖，见图 3-3。

```
:~$ sudo apt-get install --no-install-recommends libboost-all
-dev
正在读取软件包列表... 完成
正在分析软件包的依赖关系树
正在读取状态信息... 完成
```

图 3-3 安装 boost 扩展库文件

安装 libgflags-dev 和 libgoogle-glog-dev 依赖，见图 3-4。

```
:~$ sudo apt-get install libgflags-dev libgoogle-glog-dev lib
lmdb-dev
正在读取软件包列表... 完成
正在分析软件包的依赖关系树
正在读取状态信息... 完成
```

图 3-4 安装 libgflags-dev 和 libgoogle-glog-dev

安装 Python 相关文件，主要包含 Python 依赖文件 python-dev、Python 矩阵运算及图像显示的相关包 python-numpy、python-scipy 和 python-matplotlib，以及 python 第三方安装工具 pip 等，如图 3-5 至图 3-9 所示。

```
:~$ sudo apt-get install python-dev
正在读取软件包列表... 完成
正在分析软件包的依赖关系树
正在读取状态信息... 完成
```

图 3-5 安装 python-dev

```
:~$ sudo apt-get install python-pip
```

图 3-6 安装 python-pip

```
:~$ sudo apt-get install python-numpy
```

图 3-7 安装 python-numpy

```
:~$ sudo apt-get install python-scipy
正在读取软件包列表... 完成
正在分析软件包的依赖关系树
正在读取状态信息... 完成
```

图 3-8 安装 python-scipy

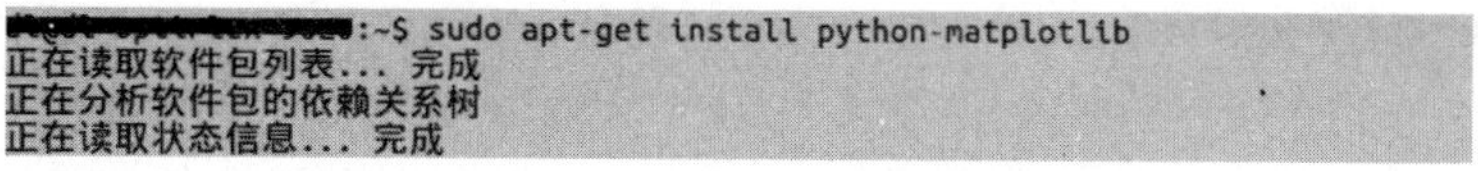

```
:~$ sudo apt-get install python-matplotlib
正在读取软件包列表... 完成
正在分析软件包的依赖关系树
正在读取状态信息... 完成
```

图 3-9　安装 python-matplotlib

安装 libatlas-base-dev，见图 3-10。

```
:~$ sudo apt-get install libatlas-base-dev
正在读取软件包列表... 完成
正在分析软件包的依赖关系树
正在读取状态信息... 完成
```

图 3-10　安装 libatlas-base-dev

GPU 需要安装显卡驱动以及 CUDA 和 CUDNN。

2）安装 Caffe 并测试。从 Caffe 官网（https://github.com/BVLC/caffe）下载源码并解压文件，进入 caffe-mater 主目录，复制 Makefile.config.example 文件，重命名为 Makefile.config，并根据主机环境进行修改。

如果使用 CPU，则需要将 `CPU_ONLY := 1` 这条命令的注释去掉。本实例中使用 Python 对输入层数据进行处理，因此需要将 `WITH_PYTHON_LAYER := 1` 这条命令的注释去掉。

然后进行 Caffe 编译，在终端输入以下命令：

```
: ~/caffe-master$ make all
: ~/caffe-master$ make test
: ~/caffe-master$ make runtest
```

在以上步骤执行完毕之后，Caffe 安装成功（见图 3-11），下面使用 mnist 数据集对 Caffe 进行测试，见图 3-12。

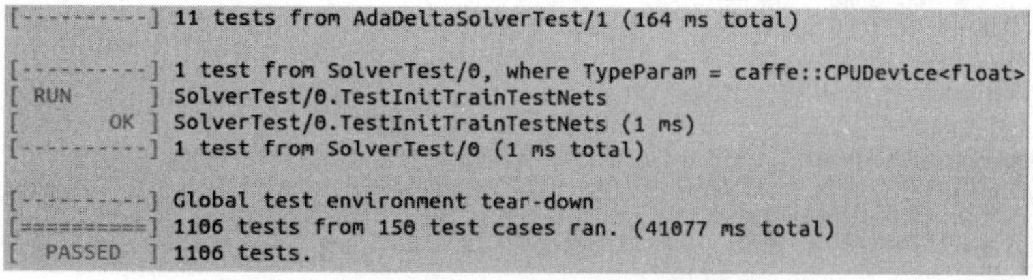

```
[----------] 11 tests from AdaDeltaSolverTest/1 (164 ms total)

[----------] 1 test from SolverTest/0, where TypeParam = caffe::CPUDevice<float>
[ RUN      ] SolverTest/0.TestInitTrainTestNets
[       OK ] SolverTest/0.TestInitTrainTestNets (1 ms)
[----------] 1 test from SolverTest/0 (1 ms total)

[----------] Global test environment tear-down
[==========] 1106 tests from 150 test cases ran. (41077 ms total)
[  PASSED  ] 1106 tests.
```

图 3-11　Caffe 安装通过测试

```
:~/caffe-master$ ./data/mnist/get_mnist.sh
```

图 3-12 下载 mnist 数据集

将数据集转换为 Caffe 框架中所需格式，见图 3-13。

```
:~/caffe-master$ ./examples/mnist/create_mnist.sh
```

图 3-13 创建训练集

执行 mnist 数据集训练，见图 3-14。

```
:~/caffe-master$ ./examples/mnist/train_lenet.sh
```

图 3-14 开始训练

3）编译 Python 接口，为 Python 添加 Caffe 模块。

首先升级 pip，在后期安装接口依赖文件时要求 pip 版本为最新版本，见图 3-15。

```
:~/caffe-master$ sudo pip install --upgrade pip
Downloading/unpacking pip from https://pypi.python.org/packages/b6/ac/7015eb97dc
749283ffdec1c3a88ddb8ae03b8fad0f0e611408f196358da3/pip-9.0.1-py2.py3-none-any.wh
l#md5=297dbd16ef53bcef0447d245815f5144
  Downloading pip-9.0.1-py2.py3-none-any.whl (1.3MB): 1.3MB downloaded
```

图 3-15 升级 Python 中 pip 第三方安装工具

安装 gfortran 编译器，见图 3-16。

```
:~/caffe-master$ sudo apt-get install gfortran
正在读取软件包列表... 完成
正在分析软件包的依赖关系树
正在读取状态信息... 完成
```

图 3-16 安装 gfortran 编译器

然后进入 Python 文件夹中，安装 requirements.txt 文件中的依赖文件，如图 3-17 所示。

```
:~/caffe-master/python$ for req in $(cat requirements.txt); d
o pip install $req; done
Downloading/unpacking Cython>=0.19.2
```

图 3-17　安装编译 pycaffe 的依赖文件

在 caffe-master 目录中再次安装，如图 3-18 所示。

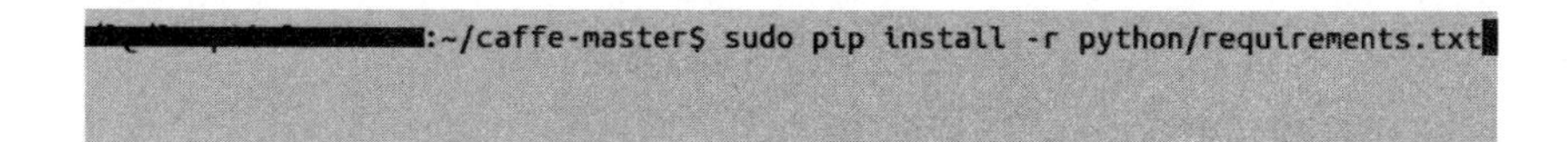

图 3-18　安装 pycaffe 的依赖

最后，执行以下命令进行编译（见图 3-19）：

```
: ~/caffe-master$ make pycaffe —j8
```

```
:~/caffe-master$ make pycaffe -j8
touch python/caffe/proto/__init__.py
CXX/LD -o python/caffe/_caffe.so python/caffe/_caffe.cpp
```

图 3-19　编译 pycaffe 接口

4）测试 pycaffe 模块。

首先将 ~/caffe-master/python 添加至用户主目录下的 .bashrc 文件中，并重新加载 .bashrc 文件，见图 3-20 和图 3-21。

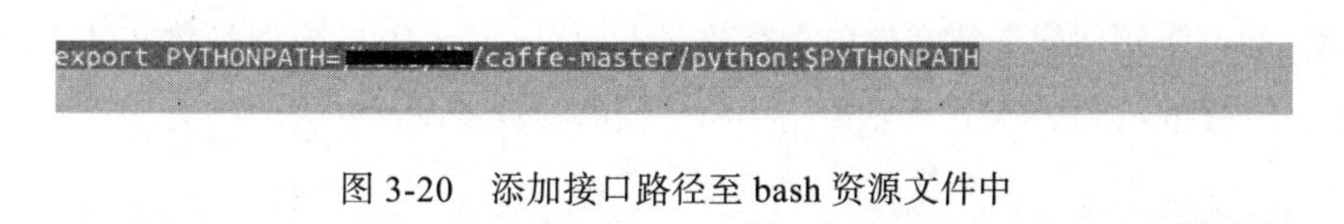

图 3-20　添加接口路径至 bash 资源文件中

```
:~$ source .bashrc
```

图 3-21　重新加载 bash 资源文件

在其他目录下运行 Python，然后导入 Caffe 模块，导入成功，则 pycaffe 模块安装成功，见图 3-22。

```
:~$ cd fcn.berkeleyvision.org-master/
:~/fcn.berkeleyvision.org-master$ python
Python 2.7.6 (default, Oct 26 2016, 20:30:19)
[GCC 4.8.4] on linux2
Type "help", "copyright", "credits" or "license" for more information.
>>> import caffe
>>> 
```

图 3-22　测试 Caffe 模块

3.3　基于 Caffe 框架的图像分割实现（FCN）

图像分割是图像处理和图像分析的关键步骤，传统方案采用基于图像边界或者基于图像特征的分割方法，以及边缘检测、阈值分割和区域生长等算法组成图像分割算法。本次实例指导基于 Jonathan Long 的论文《Fully Convolutional Networks for Semantic Segmentation》，以论文中的 FCN-8s 网络模型作为基础网络结构，使用卷积神经网络实现从端到端的语义分割。与传统分割方法相比，不再进行目标特征设计或者图像边缘算子设计，减少由中间步骤带来的分割误差，通过上采样，融合多层特征，提高图像分割的准确性。下面将分步讲解网络结构、模型实现原理、训练方法并进行实验结果分析。

3.3.1　用 Caffe 构建卷积神经网络

Caffe 的网络模型的参数文件独立存放，下面以 Cifar-10 的模型参数文件（cifar10_quick_train_test.prototxt）为例介绍网络中每一层的参数及设置方法。

（1）输入层

```
layer{
    name: "cifar"
    type: "Data"
    top: "data"
```

```
        top: "label"
        include {
            phase: TRAIN
        }
        transform_param{
            mean_file: "examples/cifar10/mean.binaryproto"
        }
        data_param{
            source: "examples/cifar10/cifar10_train_lmdb"
            batch_size: 100
            backend: LMDB
        }
    }
```

该层是用于训练的数据层，其 name 属性为该层的名称，可以随意指定。type 属性定义该层的类型为数据层，表示数据来源于 LevelDB 或 LMDB。根据数据来源的不同，数据层的类型也会有所不同。在训练阶段多采用 LevelDB 或 LMDB。对于 top 或 bottom 属性，每一层都使用 bottom 属性指定的层来输入数据，用 top 属性指定的层来输出数据。如果只有 top 没有 bottom，则此层只有输出，没有输入，反之亦然。如果有多个 top 属性或多个 bottom 属性，表示有多个 Blobs 数据的输入和输出。对于 data 与 label，在数据层中至少有一个命名为 data 的 top 输出。如果有第二个 top，一般命名为 label。这种（data，label）配对是分类模型所必需的。

include 属性：在训练阶段和测试阶段的模型的层数一般不相同。该层（layer）是属于训练阶段的层还是属于测试阶段的层，需要用 include 来指定。如果没有 include 参数，则表示该层既在训练模型中，又在测试模型中。transform_param 属性指定一些转换参数。其中，mean_file 参数指定将原始数据处理后生成的均值文件。data_param 属性根据数据的来源不同进行不同的设置。该 cifar10_quick_train_test.prototxt 文件表示数据来源于 LevelDB 和 LMDB，数据也可以来源于内存、硬盘文件、HDF5 格式或者图片格式文件。LevelDB 和 LMDB 是最为高效的数据存储方式。

（2）卷积层

```
layer{
    name: "conv1"
    type: "Convolution"
    bottom: "data"
```

```
    top: "conv1"
    param {
        lr_mult: 1
    }
    param{
        lr_mult: 2
    }
    convolution_param{
        num_output: 32
        pad: 2
        kernel_size: 5
        stride: 1
        weight_filler {
            type: "gaussian"
            std: 0.0001
        }
        bias_filler{
            type: "constant"
        }
    }
}
```

卷积层（Convolution Layer）是卷积神经网络（CNN）的核心层。该层具体参数意义如下。

type 参数表明层类型为 Convolution 层。lr_mult 属性即学习率的系数，在反向微调的过程中，根据解决方案（solver.prototxt）配置文件中的 base_lr 和这个属性共同调整学习率。如果有两个 lr_mult 属性，则第一个表示权值的学习率，第二个表示偏置项的学习率。一般偏置项的学习率是权值学习率的两倍。

在属性 convolution_param 中，可以设定卷积层特有参数，num_output 属性指定卷积核的个数；kernel_size 属性指定卷积核的大小，如果卷积核的长和宽不等，则需要用 kernel_h 和 kernel_w 分别设定；stride 属性指定卷积核的步长，默认为 1，也可以用 stride_h 和 stride_w 来设置在长宽方向上的不同属性；pad 属性指定扩充边缘，默认为 0，不扩充。扩充的时候是左右、上下对称的，比如卷积核的大小为 5×5，如果 pad 属性设置为 2，则四个边缘都扩充 2 像素，即宽度和高度都扩充了 4 像素，这样卷积运算之后的特征图就不会变小，也可以通过 pad_h 和 pad_w 来分别设定。weight_filler 即权值初始化，默认为“constant”，值全为 0，很多时候使用 xavier 算法来进行初始化，也可以设置为 gaussian。bias_filler 即偏置项的初始化。一般设置为"constant"，值全为 0；bias_term 属性指明是否开启偏置项，默认为 true，即开启；group 属性表示分组，默认为 1 组，如果 group 的值大于 1，将会限制卷积的连接操作在一个子集内。如果根据图像的通道来分组，那么第 i 个输出分组只能与第 i 个输入分组进行连接。

（3）池化层

```
layer {
    name: "pool1"
    type: "Pooling"
    bottom: "conv1"
    top: "pool1"
    pooling_param {
        pool: MAX
        kernel_size: 3
        stride: 2
    }
}
```

池化层是为了减少运算量和数据维度而设置的分层。type 属性表明层类型为 Pooling 层。在 pooling_param 中，可以设定池化层的特有参数，其中 kernel_size 属性指定池化的核大小，也可以用 kernel_h 和 kernel_w 分别设定在长宽方向上不同的池化核大小；pool 属性指定池化方法，默认为最大值池化（MAX），其他池化方法包括均值池化（AVE）和随机池化（STOCHASTIC）；pad 属性与卷积层的 pad 属性一样，进行边缘扩充。默认为 0；stride 属性指定池化的步长，默认为 1，一般设置为 2，即不重叠池化，也可以用 stride_h 和 stride_w 来设置。

（4）激活函数层

```
layer {
    name: "relu1"
    type: "ReLU"
    bottom: "pool1"
    top: "pool1"
}
```

激活层（Activation Layer）对输入数据进行激活操作（实际上就是一种映射空间变换），从 bottom 属性得到一个 Blob 数据输入，运算后，从 top 属性输入一个 Blob 数据。

在运算过程中，该层没有改变数据的大小，即输入和输出的数据大小是相等的。type 属性表明层类型为使用 ReLU 激活函数的激活层。激活层的另外一个属性是 negative_slope，默认为 0。对标准的 ReLU 函数进行变换，如果设置了这个属性值，那么当数据为负数时，激活输出值使用原始值乘以 negative_slope 值，此时的激活函数为 PReLU 函数。

（5）全连接层

```
layer {
    name: "ip1"
    type: "InnerProduct"
    bottom: "pool3"
    top: "ip1"
    param {
        lr_mult: 1
    }
    param {
        lr_mult: 2
    }
    inner_product_param {
        num_output: 64
        weight_filler {
            type: "gaussian"
            std: 0.1
        }
        bias_filler {
            type: "constant"
        }
    }
}
```

全连接层把输入当作一个向量，输出也是一个简单向量（把输入数据 Blobs 的 width 和 height 全变为 1）。type 属性表明层类型为全连接层。在 inner_product_param 属性中，可以设定全连接层的特有参数，其中 num_output 属性指定过滤器的个数；weight_filler 属性即权值初始化，默认为“ constant”，值全为 0，很多时候使用 xavier 算法来进行初始化，也可以设置为 gaussian；bias_filler 属性即偏置项的初始化，一般设置为“constant”，值全为 0；bias_term 属性指明是否开启偏置项，默认为 true，即开启。全连接层实际上也是一种卷积层，只是它的卷积核大小和原数据大小一致。因此它的参数基本与卷积层的参数一样。

（6）精度输出层

```
layer{
    name: "accuracy"
    type: "Accuracy"
    bottom: "ip2"
    bottom: "label"
    top: "accuracy"
    include {
        phase: TEST
    }
}
```

精度输出层输出分类（预测）精确度，只有测试阶段才有，include 属性即表示测试阶段使用。

（7）损失层

```
layer{
    name: "loss"
    type: "SoftmaxWithLoss"
    bottom: "ip2"
    bottom: "label"
    top: "loss"
}
```

损失层（Loss Layer）计算训练过程中分类损失函数值。type 属性表明使用 Softmax 函数作为分类激活函数，损失函数采用香农熵公式计算。

3.3.2 FCN-8s 网络简介

FCN-8s 以 VGG-16 网络结构作为基础网络结构，并添加额外的 3 层跨层上采样层，构成 19 层的 FCN-8s 全卷积神经网络，将跨层特征信息进行融合，提高像素级别的分类准确率。与 VGG-16 网络不同的是，在输入层，对于输入图像的尺寸不再是固定的 $3\times224\times224$，允许多种尺寸的图像输入，在第 7 层全连接层不再输出 1000 个类别，而是改为 21 个类别，包含一个背景类。VGG-16 网络是在 ILSVR 视觉挑战赛上使用的模型，类别设置为 1000，FCN-8s 网络在 PASCAL VOC2011 数据集上进行训练和验证，仅有 20 类自然图像目标。

如图 3-23 所示，FCN-8s 的跨层特征融合，或者称这种结构为跳跃结构，即通过多层的上采样，累加形成最后的得分层。采用 FCN-8s 命名的原因是，FCN 网络在 pool3 层时，对于原始输入图像大小，尺寸缩小 8 倍，因此上采样倍数为 8 倍。pool4 层相对于原图像缩小 16 倍，pool5 层相对于原图像缩小 32 倍，上采样的倍数分别为 16 倍和 32 倍，即网络名称依据上采样的倍数进行命名。

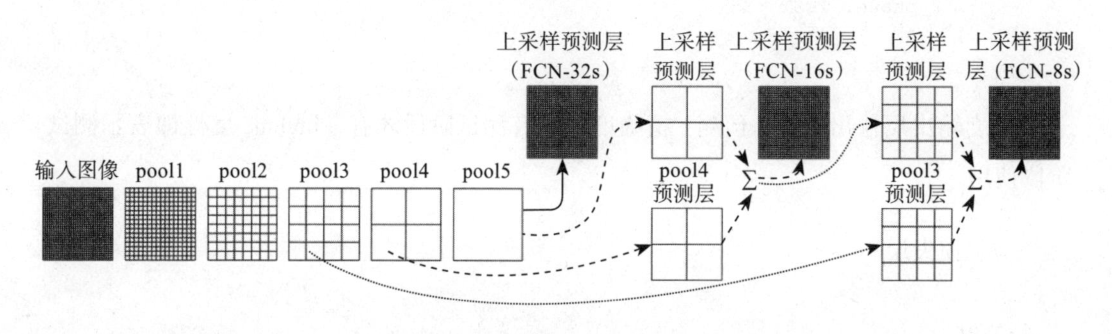

图 3-23 FCN-8s 网络结构

下面根据网络初始化时使用的说明文件对网络结构进行解析（deploy.prototxt）。

```
layer {
    name: "input"
    type: "Input"
    top: "data"
    input_param {
        shape { dim: 1 dim: 3 dim: 500 dim: 500 }
    }
}
```

输入层中的输入参数维度只是做一个示例，在网络输入时会将具体的图像大小输入。

```
layer {
    name: "conv1_1"
    type: "Convolution"
    bottom: "data"
    top: "conv1_1"
    param {
        lr_mult: 1
        decay_mult: 1
    }
```

```
        param {
            lr_mult: 2
            decay_mult: 0
        }
        convolution_param {
            num_output: 64
            pad: 100
            kernel_size: 3
            stride: 1
        }
    }
    layer {
        name: "relu1_1"
        type: "ReLU"
        bottom: "conv1_1"
        top: "conv1_1"
    }
    layer {
        name: "conv1_2"
        type: "Convolution"
        bottom: "conv1_1"
        top: "conv1_2"
        param {
            lr_mult: 1
            decay_mult: 1
        }
        param {
            lr_mult: 2
            decay_mult: 0
        }
        convolution_param {
            num_output: 64
            pad: 1
            kernel_size: 3
            stride: 1
        }
    }
    layer {
        name: "relu1_2"
        type: "ReLU"
        bottom: "conv1_2"
        top: "conv1_2"
    }
    layer {
        name: "pool1"
        type: "Pooling"
        bottom: "conv1_2"
        top: "pool1"
```

```
        pooling_param {
            pool: MAX
            kernel_size: 2
            stride: 2
        }
    }
```

卷积块1包含两个卷积层、两个激活函数层以及一个池化层，在第一层卷积层中设置pad参数为100，并且卷积核尺寸为3×3，步长为1，则原来100×100的图像经过第一次卷积之后，图像尺寸变为298×298。激活函数不改变图像尺寸。在第二次卷积时，pad参数为1，卷积核大小为3×3，步长为1，则图像尺寸不发生改变，仍为298×298。在pool1层中，对输出进行最大值池化，核大小为2×2，步长为2，因此输出图像尺寸变为149×149。输出个数与VGG16网络设置相同。

```
    layer {
        name: "conv2_1"
        type: "Convolution"
        bottom: "pool1"
        top: "conv2_1"
        param {
            lr_mult: 1
            decay_mult: 1
        }
        param {
            lr_mult: 2
            decay_mult: 0
        }
        convolution_param {
            num_output: 128
            pad: 1
            kernel_size: 3
            stride: 1
        }
    }
    layer {
        name: "relu2_1"
        type: "ReLU"
        bottom: "conv2_1"
        top: "conv2_1"
    }
    layer {
        name: "conv2_2"
        type: "Convolution"
        bottom: "conv2_1"
```

```
    top: "conv2_2"
    param {
        lr_mult: 1
        decay_mult: 1
    }
    param {
        lr_mult: 2
        decay_mult: 0
    }
    convolution_param {
        num_output: 128
        pad: 1
        kernel_size: 3
        stride: 1
    }
}
layer {
    name: "relu2_2"
    type: "ReLU"
    bottom: "conv2_2"
    top: "conv2_2"
}
layer {
    name: "pool2"
    type: "Pooling"
    bottom: "conv2_2"
    top: "pool2"
    pooling_param {
        pool: MAX
        kernel_size: 2
        stride: 2
    }
}
```

卷积块 2 包含两个卷积层、两个激活函数层以及一个池化层，两个卷积层的 pad 参数都为 1，卷积核大小为 3×3，步长为 1，则图像尺寸不发生改变，仍为 149×149。在经过最大值池化层之后图像尺寸变为 75×75（向上取整）。

```
layer {
    name: "conv3_1"
    type: "Convolution"
    bottom: "pool2"
    top: "conv3_1"
    param {
        lr_mult: 1
        decay_mult: 1
```

```
        }
        param {
            lr_mult: 2
            decay_mult: 0
        }
        convolution_param {
            num_output: 256
            pad: 1
            kernel_size: 3
            stride: 1
        }
    }
    layer {
        name: "relu3_1"
        type: "ReLU"
        bottom: "conv3_1"
        top: "conv3_1"
    }
    layer {
        name: "conv3_2"
        type: "Convolution"
        bottom: "conv3_1"
        top: "conv3_2"
        param {
            lr_mult: 1
            decay_mult: 1
        }
        param {
            lr_mult: 2
            decay_mult: 0
        }
        convolution_param {
            num_output: 256
            pad: 1
            kernel_size: 3
            stride: 1
        }
    }
    layer {
        name: "relu3_2"
        type: "ReLU"
        bottom: "conv3_2"
        top: "conv3_2"
    }
    layer {
        name: "conv3_3"
        type: "Convolution"
        bottom: "conv3_2"
```

```
        top: "conv3_3"
        param {
            lr_mult: 1
            decay_mult: 1
        }
        param {
            lr_mult: 2
            decay_mult: 0
        }
        convolution_param {
            num_output: 256
            pad: 1
            kernel_size: 3
            stride: 1
        }
    }
    layer {
        name: "relu3_3"
        type: "ReLU"
        bottom: "conv3_3"
        top: "conv3_3"
    }
    layer {
        name: "pool3"
        type: "Pooling"
        bottom: "conv3_3"
        top: "pool3"
        pooling_param {
            pool: MAX
            kernel_size: 2
            stride: 2
        }
    }
```

卷积块 3 包含三个卷积层、三个激活函数层以及一个池化层，三个卷积层的 pad 参数都为 1，卷积核大小为 3×3，步长为 1，则图像尺寸不发生改变，仍为 75×75。在经过最大值池化层之后图像尺寸变为 38×38（向上取整）。

```
    layer {
        name: "conv4_1"
        type: "Convolution"
        bottom: "pool3"
        top: "conv4_1"
        param {
            lr_mult: 1
            decay_mult: 1
```

```
    }
    param {
        lr_mult: 2
        decay_mult: 0
    }
    convolution_param {
        num_output: 512
        pad: 1
        kernel_size: 3
        stride: 1
    }
}
layer {
    name: "relu4_1"
    type: "ReLU"
    bottom: "conv4_1"
    top: "conv4_1"
}
layer {
    name: "conv4_2"
    type: "Convolution"
    bottom: "conv4_1"
    top: "conv4_2"
    param {
        lr_mult: 1
        decay_mult: 1
    }
    param {
        lr_mult: 2
        decay_mult: 0
    }
    convolution_param {
        num_output: 512
        pad: 1
        kernel_size: 3
        stride: 1
    }
}
layer {
    name: "relu4_2"
    type: "ReLU"
    bottom: "conv4_2"
    top: "conv4_2"
}
layer {
    name: "conv4_3"
    type: "Convolution"
    bottom: "conv4_2"
```

```
        top: "conv4_3"
        param {
            lr_mult: 1
            decay_mult: 1
        }
        param {
            lr_mult: 2
            decay_mult: 0
        }
        convolution_param {
            num_output: 512
            pad: 1
            kernel_size: 3
            stride: 1
        }
    }
    layer {
        name: "relu4_3"
        type: "ReLU"
        bottom: "conv4_3"
        top: "conv4_3"
    }
    layer {
        name: "pool4"
        type: "Pooling"
        bottom: "conv4_3"
        top: "pool4"
        pooling_param {
            pool: MAX
            kernel_size: 2
            stride: 2
        }
    }
```

卷积块 4 包含三个卷积层、三个激活函数层以及一个池化层，三个卷积层的 pad 参数都为 1，卷积核大小为 3×3，步长为 1，则图像尺寸不发生改变，仍为 38×38。在经过最大值池化层之后图像尺寸变为 19×19。

```
    layer {
        name: "conv5_1"
        type: "Convolution"
        bottom: "pool4"
        top: "conv5_1"
        param {
            lr_mult: 1
            decay_mult: 1
```

```
    }
    param {
        lr_mult: 2
        decay_mult: 0
    }
    convolution_param {
        num_output: 512
        pad: 1
        kernel_size: 3
        stride: 1
    }
}
layer {
    name: "relu5_1"
    type: "ReLU"
    bottom: "conv5_1"
    top: "conv5_1"
}
layer {
    name: "conv5_2"
    type: "Convolution"
    bottom: "conv5_1"
    top: "conv5_2"
    param {
        lr_mult: 1
        decay_mult: 1
    }
    param {
        lr_mult: 2
        decay_mult: 0
    }
    convolution_param {
        num_output: 512
        pad: 1
        kernel_size: 3
        stride: 1
    }
}
layer {
    name: "relu5_2"
    type: "ReLU"
    bottom: "conv5_2"
    top: "conv5_2"
}
layer {
    name: "conv5_3"
    type: "Convolution"
    bottom: "conv5_2"
```

```
    top: "conv5_3"
    param {
        lr_mult: 1
        decay_mult: 1
    }
    param {
        lr_mult: 2
        decay_mult: 0
    }
    convolution_param {
        num_output: 512
        pad: 1
        kernel_size: 3
        stride: 1
    }
}
layer {
    name: "relu5_3"
    type: "ReLU"
    bottom: "conv5_3"
    top: "conv5_3"
}
layer {
    name: "pool5"
    type: "Pooling"
    bottom: "conv5_3"
    top: "pool5"
    pooling_param {
        pool: MAX
        kernel_size: 2
        stride: 2
    }
}
```

卷积块 5 包含三个卷积层、三个激活函数层以及一个池化层，三个卷积层的 pad 参数都为 1，卷积核大小为 3×3，步长为 1，则图像尺寸不发生改变，仍为 19×19。在经过最大值池化层之后图像尺寸变为 10×10（向上取整）。

```
layer {
    name: "fc6"
    type: "Convolution"
    bottom: "pool5"
    top: "fc6"
    param {
        lr_mult: 1
        decay_mult: 1
```

```
    }
    param {
        lr_mult: 2
        decay_mult: 0
    }
    convolution_param {
        num_output: 4096
        pad: 0
        kernel_size: 7
        stride: 1
    }
}
layer {
    name: "relu6"
    type: "ReLU"
    bottom: "fc6"
    top: "fc6"
}
```

全连接层 fc6：可以观察到 type 类型变为卷积，这是与 VGG16 网络不同的地方，也是实现 FCN 的一个关键点，将全连接层全部变为卷积层，pad 参数设置为 0，卷积核的大小为 7×7，步长为 1，则输出大小为 4×4。

```
layer {
    name: "fc7"
    type: "Convolution"
    bottom: "fc6"
    top: "fc7"
    param {
        lr_mult: 1
        decay_mult: 1
    }
    param {
        lr_mult: 2
        decay_mult: 0
    }
    convolution_param {
        num_output: 4096
        pad: 0
        kernel_size: 1
        stride: 1
    }
}
layer {
    name: "relu7"
    type: "ReLU"
```

```
    bottom: "fc7"
    top: "fc7"
}
```

全连接层 fc7：层类型为卷积，pad 参数设置为 0，卷积核的大小为 1×1，步长为 1，则输出大小为 4×4，尺寸不发生变化。

```
layer {
    name: "score_fr"
    type: "Convolution"
    bottom: "fc7"
    top: "score_fr"
    param {
        lr_mult: 1
        decay_mult: 1
    }
    param {
        lr_mult: 2
        decay_mult: 0
    }
    convolution_param {
        num_output: 21
        pad: 0
        kernel_size: 1
    }
}
```

输出层的卷积核设置为 1×1，默认步长为 1，则图像尺寸不发生变化，仍为 4×4。输出个数为 21 个，包含 20 个类别以及一个背景类的预测概率。

```
layer {
    name: "upscore2"
    type: "Deconvolution"
    bottom: "score_fr"
    top: "upscore2"
    param {
        lr_mult: 0
    }
    convolution_param {
        num_output: 21
        bias_term: false
        kernel_size: 4
        stride: 2
    }
}
```

上采样层：层类型为反卷积层，卷积核设置为 4×4，步长为 2，则输出图像的大小变为 12×12。

```
layer {
    name: "score_pool4"
    type: "Convolution"
    bottom: "pool4"
    top: "score_pool4"
    param {
        lr_mult: 1
        decay_mult: 1
    }
    param {
        lr_mult: 2
        decay_mult: 0
    }
    convolution_param {
        num_output: 21
        pad: 0
        kernel_size: 1
    }
}
```

输出层：该层的输入是 pool4，卷积核设置为 1，步长默认为 1，则图像尺寸不发生变化，仍为 19×19。输出个数为 21 个。

```
layer {
    name: "score_pool4c"
    type: "Crop"
    bottom: "score_pool4"
    bottom: "upscore2"
    top: "score_pool4c"
    crop_param {
        axis: 2
        offset: 5
    }
}
```

裁剪层：参考尺寸为 12×12，对 score_pool4 层的输出（19×19）进行裁剪，则输出 12×12 的图像。该层有两个 bottom 层，即两个输入层，第一个输入层为被裁切层，第二个输入层为参考输入。裁剪参数中 axis 为 2，表示从第 2 个轴开始裁切，Caffe 中的数据是以 Blob 形式存在的，Blob 是四维数据。offset 代表在每一维度开始裁切的位置。

```
layer {
    name: "fuse_pool4"
    type: "Eltwise"
    bottom: "upscore2"
    bottom: "score_pool4c"
    top: "fuse_pool4"
    eltwise_param {
        operation: SUM
    }
}
```

累加层：将裁减层 score_pool4c 与 upscore2 累加输出，则输出维度为 $21 \times 12 \times 12$。

```
layer {
    name: "upscore_pool4"
    type: "Deconvolution"
    bottom: "fuse_pool4"
    top: "upscore_pool4"
    param {
        lr_mult: 0
    }
    convolution_param {
        num_output: 21
        bias_term: false
        kernel_size: 4
        stride: 2
    }
}
```

上采样层：层类型为反卷积层，卷积核设置为 4×4，步长为 2，则输出图像的大小变为 30×30。

```
layer {
    name: "score_pool3"
    type: "Convolution"
    bottom: "pool3"
    top: "score_pool3"
    param {
        lr_mult: 1
        decay_mult: 1
    }
    param {
        lr_mult: 2
        decay_mult: 0
    }
    convolution_param {
```

```
        num_output: 21
        pad: 0
        kernel_size: 1
    }
}
```

输出层：该层的输入是pool3，卷积核设置为1，步长默认为1，则图像尺寸不发生变化，仍为38×38。输出个数为21个。

```
layer {
    name: "score_pool3c"
    type: "Crop"
    bottom: "score_pool3"
    bottom: "upscore_pool4"
    top: "score_pool3c"
    crop_param {
        axis: 2
        offset: 9
    }
}
```

裁剪层：参考尺寸为30×30，对score_pool4层的输出（38×38）进行裁剪，则输出30×30的图像。

```
layer {
    name: "fuse_pool3"
    type: "Eltwise"
    bottom: "upscore_pool4"
    bottom: "score_pool3c"
    top: "fuse_pool3"
    eltwise_param {
        operation: SUM

    }
}
```

累加层：将裁减层upscore_pool4与score_pool3c累加输出，则输出维度为21×30×30。

```
layer {
    name: "upscore8"
    type: "Deconvolution"
    bottom: "fuse_pool3"
    top: "upscore8"
```

```
        param {
            lr_mult: 0
        }
        convolution_param {
            num_output: 21
            bias_term: false
            kernel_size: 16
            stride: 8
        }
    }
```

上采样层：层类型为反卷积层，卷积核设置为 16×16，步长为 8，则输出图像的大小变为 264×264。

```
    layer {
        name: "score"
        type: "Crop"
        bottom: "upscore8"
        bottom: "data"
        top: "score"
        crop_param {
            axis: 2
            offset: 31
        }
    }
```

裁剪层：参考尺寸为 100×100，对 upscore8 层的输出（264×264）进行裁剪，则输出 $21\times100\times100$ 的图像，与原始输入图像数据尺寸相等，并对每一个像素点进行预测。

网络在第一个卷积层添加 100 个像素的边框，其作用是将图像放置在中心区域，然后再通过上采样以及裁剪操作，达到对每一个像素点的预测。

3.3.3 详细代码解读

本示例将从训练过程和单张图片测试两个角度对 FCN 在 Caffe 框架上的编程方法及关键代码进行介绍。

（1）FCN-8s 网络训练

训练过程中使用的关键文件有：主文件 solve.py、网络超参数设置文件 solver.

prototxt、训练网络结构文件 train.prototxt、验证网络结构文件 val.prototxt、FCN 实现辅助函数文件 surgery.py，以及测试验证集辅助函数文件 score.py、python 类型的输入层模块文件 voc_layers.py。FCN-8s 训练文件关系图如图 3-24 所示。

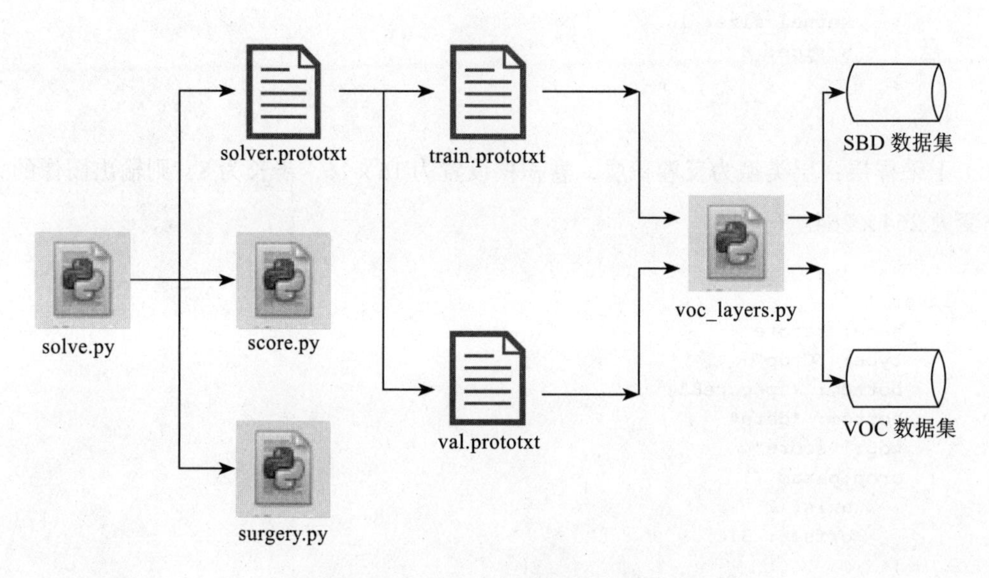

图 3-24 FCN-8s 训练文件关系图

首先介绍主文件 solve.py，在主文件中导入已训练过的网络模型参数，并使用训练集进行微调，使用 solver.prototxt 中的超参数构建训练及验证网络，并在固定的训练迭代次数后进行验证集测试输出。

```
solve.py:
import caffe
# 导入自定义的函数包
import surgery, score
import numpy as np
import os
import sys
try:
    import setproctitle
    setproctitle.setproctitle(os.path.basename(os.getcwd()))
except:
    pass
# 导入已经训练好的模型权重
weights = '/home/dl/fcn.berkeleyvision.org-master/voc-fcn8s/fcn8s-heavy-
```

```
pascal.caffemodel'
    # 设置是否采用 GPU 训练，并通过命令行输入 GPU 设备编号
    caffe.set_device(int(sys.argv[1]))
    caffe.set_mode_gpu()
    # 导入 solver.prototxt 构建网络
    solver = caffe.SGDSolver('/home/dl/fcn.berkeleyvision.org-master/voc-fcn8s/
solver.prototxt')
    # 将模型权重复制到新构建的网络中
    solver.net.copy_from(weights)
    # 获取网络中上采样层
    interp_layers = [k for k in solver.net.params.keys() if 'up' in k]
    # 使用自定义函数包中的双线性插值方法构建上采样层所需的权重核，并初始化
    surgery.interp(solver.net, interp_layers)
    # 导入训练集中的图像名称
    val = np.loadtxt('/home/dl/fcn.berkeleyvision.org-master/data/pascal/
seg11valid.txt', dtype=str)
    # 网络整体迭代 25 次
    for _ in range(25):
        # 开始训练，训练迭代 4000 次
        solver.step(4000)
        # 测试验证集的平均损失、整体正确率、每一类正确率等
        score.seg_tests(solver, False, val, layer='score')
```

在主文件中调用的网络超参数设置文件 solver.prototxt 包含指定训练和测试的网络文件、训练的迭代次数等。

```
    solver.prototxt:
    # 指定训练网络
    train_net: "/home/dl/fcn.berkeleyvision.org-master/voc-fcn8s/train.prototxt"
    # 指定测试网络
    test_net: "/home/dl/fcn.berkeleyvision.org-master/voc-fcn8s/val.prototxt"
    test_iter: 736
    test_interval: 999999999
    # 在训练过程中，每隔 20 次输出训练集当前的平均损失值
    display: 20
    average_loss: 20
    lr_policy: "fixed"
    # 设置初始的学习率及动量因子
    base_lr: 1e-14
    momentum: 0.99
    iter_size: 1
    max_iter: 100000
    weight_decay: 0.0005
    # 训练过程中每隔 4000 次保存一次网络权重
    snapshot: 4000
    snapshot_prefix: "/home/dl/fcn.berkeleyvision.org-master/voc-fcn8s/snapshot/
train"
```

```
test_initialization: false
```

训练网络及验证网络结构与3.3.2节中介绍的deploy.prototxt网络结构类似，有三部分是训练网络中独有的层。

```
train.prototxt:
    layer {
        name: "data"
        type: "Python"
        top: "data"
        top: "label"
        python_param {
            module: "voc_layers"
            layer: "SBDDSegDataLayer"
            param_str:"{
                \'sbdd_dir\':
                \'/home/dl/fcn.berkeleyvision.org-master/data/sbdd/dataset\',
                \'seed\': 1337,
                \'split\': \'train\',
                \'mean\': (104.00699, 116.66877, 122.67892)}"
        }
    }
```

训练网络的输入层的类型是Python，即通过Python函数进行输入层的设置。从python_param中的module参数设置可知在voc_layers.py文件中实现输入层的构建，后面将详细介绍该文件。FCN-8s的训练数据使用的是ImageNet的数据，将ground truth使用mat格式文件存储。param_str中指定训练集的存储路径以及训练集进行中心化时的参数mean。

在第六层和第七层的全连接层之后添加随机隐退层，随机隐退比率为0.5。

```
layer {
    name: "drop6"
    type: "Dropout"
    bottom: "fc6"
    top: "fc6"
    dropout_param {
        dropout_ratio: 0.5
    }
}
layer {
    name: "drop7"
```

```
    type: "Dropout"
    bottom: "fc7"
    top: "fc7"
    dropout_param {
        dropout_ratio: 0.5
    }
}
```

在得分层之后添加损失层，通过损失值计算反向传播。Caffe 中损失层的类型除下述 SoftmaxWithLoss 方法之外，还有其他损失值计算方法，但对于多分类问题使用最多的为 SoftmaxWithLoss 方法。在 loss_param 中设置忽略类别为背景类（255）。

```
layer {
    name: "loss"
    type: "SoftmaxWithLoss"
    bottom: "score"
    bottom: "label"
    top: "loss"
    loss_param {
        ignore_label: 255
        normalize: false
    }
}
```

验证网络测试文件与训练网络测试文件只有在输入层不同。FCN-8s 中使用的验证集是 Pascal VOC2012，该数据集中标注以 jpg 格式存储。在 param_str 中指定验证集的存储路径。

```
val.prototxt:
    layer {
        name: "data"
        type: "Python"
        top: "data"
        top: "label"
        python_param {
            module: "voc_layers"
            layer: "VOCSegDataLayer"
            param_str:"{
                \'voc_dir\':
                    \'/home/dl/fcn.berkeleyvision.org-master/data/pascal/
                    VOC2012\',
                \'seed\': 1337,
                \'split\': \'seg11valid\',
```

```
                \'mean\': (104.00699, 116.66877, 122.67892)}"
        }
    }
```

在voc_layers.py中使用Python构建自定义的输入层（在3.2节中编译Caffe时，将`WITH_PYTHON_LAYER := 1`命令打开），下面以voc_layers.py文件详细介绍自定义Caffe的层结构方法。

```
voc_layers.py:
import caffe
import numpy as np
from PIL import Image
# 导入随机数包，在数据集构建过程中，打乱读入的数据，使训练集随机性更强
import random
```

层类型以一个python类定义，VOCSegDataLayer是验证集使用的输入层，标注使用的是jpg类型的二维图像。

```
class VOCSegDataLayer(caffe.Layer):
    # 类初始化函数
    def setup(self, bottom, top):
        # 获取param_str参数值，输入层定义时的实参
        params = eval(self.param_str)
        # 验证集数据的存储路径
        self.voc_dir = params['voc_dir']
        # 验证集的名称文件
        self.split = params['split']
        # 数据集中心化参数
        self.mean = np.array(params['mean'])
        # 是否进行随机排序
        self.random = params.get('randomize', True)
        self.seed = params.get('seed', None)
        # 判断数据层是否具有两层输出，即图像数据和标签数据，如果不是两层则报错
        if len(top) != 2:
            raise Exception("Need to define two tops: data and label.")
        # 判断数据层是否有输入层，有则报错，数据层为网络的第一层，不存在上一层
        if len(bottom) != 0:
            raise Exception("Do not define a bottom.")
        # 根据指定目录加载验证集文件
            split_f  = '{}/ImageSets/Segmentation/{}.txt'.format(self.voc_
                    dir,self.split)
        self.indices = open(split_f, 'r').read().splitlines()
        self.idx = 0
        if 'train' not in self.split:
```

```
            self.random = False
        # 根据参数将验证集随机排序
        if self.random:
            random.seed(self.seed)
            self.idx = random.randint(0, len(self.indices)-1)
    # 将验证集数据按照指定的数据格式加载
    def reshape(self, bottom, top):
        # 加载图像和标签文件
        self.data = self.load_image(self.indices[self.idx])
        self.label = self.load_label(self.indices[self.idx])
        # 转换数据格式
        top[0].reshape(1, *self.data.shape)
        top[1].reshape(1, *self.label.shape)
    # 将数据前向输出
    def forward(self, bottom, top):
        # 选择当前数据为前向输出
        top[0].data[...] = self.data
        top[1].data[...] = self.label
        # 选取下一个输出
        if self.random:
            self.idx = random.randint(0, len(self.indices)-1)
        else:
            self.idx += 1
            if self.idx == len(self.indices):
                self.idx = 0
    # 数据层不进行反向调整，因此该层中只有pass命令
    def backward(self, top, propagate_down, bottom):
        pass
    # 加载图像数据，并将数值类型更改为float，转换RGB图像为BGR，并中心化
    def load_image(self, idx):
        im = Image.open('{}/JPEGImages/{}.jpg'.format(self.voc_dir, idx))
        in_ = np.array(im, dtype=np.float32)
        in_ = in_[:,:,::-1]
        in_ -= self.mean
        in_ = in_.transpose((2,0,1))
        return in_
    # 加载标签数据，验证集中的标签是二维的图像数据
    def load_label(self, idx):
          im = Image.open('{}/SegmentationClass/{}.png'.format(self.voc_dir,
idx))
        label = np.array(im, dtype=np.uint8)
        label = label[np.newaxis, ...]
        return label
```

验证集数据层将指定文件中的数据全部进行加载，将图像数据做初步处理，并随机打乱图像和标签对数据。在前向传播函数中以一组图像与标签对作为基本单位进行输出，

并指定下一组输出的目标。在 solve.py 文件中读入的验证集文件与 val.prototxt 文件中的验证集文件相同，因此在 val.prototxt 中没有进行随机排序的参数输入，图像与标签数据仍然匹配。

SBDDSegDataLayer 是训练集使用的输入层，与验证集不同的是标注使用的是 mat 格式的文件存储。SBD（Semantic Boundaries Dataset，语义边界数据集）作为 Pascal 数据集的一部分常用来做语义分割相关实验。

```
class SBDDSegDataLayer(caffe.Layer):
    # 类初始化函数
    def setup(self, bottom, top):
        # 根据param_str中的参数进行初始化
        params = eval(self.param_str)
        self.sbdd_dir = params['sbdd_dir']
        self.split = params['split']
        self.mean = np.array(params['mean'])
        self.random = params.get('randomize', True)
        self.seed = params.get('seed', None)
        if len(top) != 2:
            raise Exception("Need to define two tops: data and label.")
        if len(bottom) != 0:
            raise Exception("Do not define a bottom.")
        # 根据训练集的路径加载训练数据
        split_f  = '{}/{}.txt'.format(self.sbdd_dir,self.split)
        self.indices = open(split_f, 'r').read().splitlines()
        self.idx = 0
        if 'train' not in self.split:
            self.random = False
        if self.random:
            random.seed(self.seed)
            self.idx = random.randint(0, len(self.indices)-1)
    # 加载相对应的图像数据和标签数据
    def reshape(self, bottom, top):
        self.data = self.load_image(self.indices[self.idx])
        self.label = self.load_label(self.indices[self.idx])
        top[0].reshape(1, *self.data.shape)
        top[1].reshape(1, *self.label.shape)
    # 前向输出一组图像和标签数据，并指定下一组输出的数据
    def forward(self, bottom, top):
        top[0].data[...] = self.data
        top[1].data[...] = self.label
        if self.random:
            self.idx = random.randint(0, len(self.indices)-1)
        else:
```

```
            self.idx += 1
            if self.idx == len(self.indices):
                self.idx = 0
    # 反向传播，在数据层并不进行反向传播计算
    def backward(self, top, propagate_down, bottom):
        pass
    # 根据训练集路径加载图像数据，处理方式与验证集处理类似
    def load_image(self, idx):
        im = Image.open('{}/img/{}.jpg'.format(self.sbdd_dir, idx))
        in_ = np.array(im, dtype=np.float32)
        in_ = in_[:,:,::-1]
        in_ -= self.mean
        in_ = in_.transpose((2,0,1))
        return in_
    # 加载标签数据，训练集的标签数据是以 mat 格式存放
    # 使用 scipy 包中的 io.loadmat() 函数加载
    def load_label(self, idx):
        import scipy.io
        mat = scipy.io.loadmat('{}/cls/{}.mat'.format(self.sbdd_dir, idx))
        label = mat['GTcls'][0]['Segmentation'][0].astype(np.uint8)
        label = label[np.newaxis, ...]
        return label
```

训练集数据层的处理与验证集的基本相同，差异在于数据的读取路径以及标签数据的格式不相同。

在 solve.py 中调用 surgery.py 文件中的 interp 函数对上采样过程中的权重核进行构建，这是 CNN 中不具有的结构，需要自定义辅助函数实现。具体代码如下所示：

```
# 构建权重核参数
def upsample_filt(size):
    # 根据给定的 size 创建双线性插值内核
    factor = (size + 1) // 2
    if size % 2 == 1:
        center = factor - 1
    else:
        center = factor - 0.5
    # 使用 numpy 包中的 ogrid 函数生成具有二维网格结构的变量
    og = np.ogrid[:size, :size]
        # 根据二维网格结构中的序号生成列向量和行向量
        # (size,1) 规模的列向量与 (1,size) 规模的行向量相乘
        # 得到 (size, size) 规模的矩阵
        return  (1 - abs(og[0] - center) / factor) * (1 - abs(og[1] - center)
        / factor)
#针对每一个上采样层构建上采样核
def interp(net, layers):
    for l in layers:
```

```
m, k, h, w = net.params[l][0].data.shape
if m != k and k != 1:
    print 'input + output channels need to be the same or |output| == 1'
    raise
if h != w:
    print 'filters need to be square'
    raise
filt = upsample_filt(h)
net.params[l][0].data[range(m), range(k), :, :] = filt
```

在验证集测试阶段使用 score.py 中的函数对验证集上平均损失值进行计算。fast_hist 函数用于构建（21，21）维的分类统计图，该函数调用 numpy.bincount 函数以构建统计数组，其中第一个参数将网络输出标签存放在二维统计图中对应位置，第二个参数 n**2 表示统计数组的条目为 n 的平方。在（21，21）维矩阵对角线上的值为统计结果中分类正确的像素的值。numpy 包中数组的存放形式与 C 语言类似，二维数组按行存储，因此在构建统计结果数组时，预测结果与对应的行起始值相加才能对应至统计数组的实际结果。

```
score.py
from __future__ import division
import caffe
import numpy as np
import os
import sys
from datetime import datetime
from PIL import Image
# a 是实际标签，b 是输出标签，n 是输入图像通道数 21
# 输出是 (21,21) 维的分类统计图
def fast_hist(a, b, n):
    k = (a >= 0) & (a < n)
    return np.bincount(n * a[k].astype(int) + b[k], minlength=n**2).reshape(n, n)
# 计算验证集中的分类统计图总和及平均损失值
def compute_hist(net, save_dir, dataset, layer='score', gt='label'):
    n_cl = net.blobs[layer].channels
    if save_dir:
        os.mkdir(save_dir)
    hist = np.zeros((n_cl, n_cl))
    loss = 0
    for idx in dataset:
        # 网络前向传播，实参调用使用验证集
        net.forward()
        hist += fast_hist(net.blobs[gt].data[0, 0].flatten(),
            net.blobs[layer].data[0].argmax(0).flatten(),
            n_cl)
        if save_dir:
            im = Image.fromarray(
                net.blobs[layer].data[0].argmax(0).astype(np.uint8), mode='P')
```

```
            im.save(os.path.join(save_dir, idx + '.png'))
        # 损失值从损失层中获取
        loss += net.blobs['loss'].data.flat[0]
    return hist, loss / len(dataset)
# 进行分割测试的主函数，该函数调用 do_seg_tests() 函数
def seg_tests(solver, save_format, dataset, layer='score', gt='label'):
    print '>>>', datetime.now(), 'Begin seg tests'
    solver.test_nets[0].share_with(solver.net)
    do_seg_tests(solver.test_nets[0], solver.iter, save_format, dataset,
    layer, gt)
# 计算平均损失值、整体精确率及每一类别的精确率、交并比 IU
def do_seg_tests(net, iter, save_format, dataset, layer='score', gt='label'):
    n_cl = net.blobs[layer].channels
    if save_format:
        save_format = save_format.format(iter)
    hist, loss = compute_hist(net, save_format, dataset, layer, gt)
    # 平均损失计算
    print '>>>', datetime.now(), 'Iteration', iter, 'loss', loss
    # 整体精确率计算
    # hist 对角线元素和 / hist 元素总和
    # 从 fast_hist 计算方法可知，对角线上的值为分类正确的像素的值
    # TP / ALL
    acc = np.diag(hist).sum() / hist.sum()
    print '>>>', datetime.now(), 'Iteration', iter, 'overall accuracy', acc
    # 每一类别的精确率
    # hist 对角线值 / hist 中行和
    # 每一行进行计算 TP / (TP+FN)
    acc = np.diag(hist) / hist.sum(1)
    print '>>>', datetime.now(), 'Iteration', iter, 'mean accuracy',
    np.nanmean(acc)
    # 交并比 IU(Intersection over Union)
    # TP / (TP+FP+FN)
    iu = np.diag(hist) / (hist.sum(1) + hist.sum(0) - np.diag(hist))
    print '>>>', datetime.now(), 'Iteration', iter, 'mean IU', np.nanmean(iu)
    # 加权 IU
    freq = hist.sum(1) / hist.sum()
    print '>>>', datetime.now(), 'Iteration', iter, 'fwavacc', (freq[freq > 0]
    * iu[freq > 0]).sum()
    return hist
```

以上则为 FCN-8s 网络训练及验证集测试的相关代码介绍，下面将使用训练好的网络模型“fcn8s-heavy-pascal.caffemodel”（官网下载）进行单张图片的分割实验，并输出预测类别。

（2）测试

infer.py 为单张图片分割测试主文件，读入测试图片，前向传播并输出网络分割结

果。使用deploy.prototxt文件进行网络构建，然后使用Caffe模块中的Net函数和已训练好的模型fcn8s-heavy-pascal.caffemodel进行网络初始化，输出网络中的score层，调用voc_helper.py文件中的plotpalette和printclasses函数进行结果展示。

```
infer.py
import numpy as np
from PIL import Image
import matplotlib.pyplot as plt
# 导入Caffe模块
import caffe
# 从voc_helper.py文件中导入Voc类
from voc_helper import Voc
# 加载测试图片，并将RGB转换为BGR图像，训练集中也是BGR图像
# 图像初始设置与训练集设置方法一致
#im = Image.open('2008_000026.jpg')
im = Image.open('2008_000082.jpg')
in_ = np.array(im, dtype=np.float32)
in_ = in_[:,:,::-1]
in_ -= np.array((104.00698793,116.66876762,122.67891434))
in_ = in_.transpose((2,0,1))
# 加载已训练好的网络模型
net  =  caffe.Net('voc-fcn8s/deploy.prototxt',
    'voc-fcn8s/fcn8s-heavy-pascal.caffemodel',
    caffe.TEST)
# 将测试图片设置为输入层的数据
net.blobs['data'].reshape(1, *in_.shape)
net.blobs['data'].data[...] = in_
# 网络前向传播，并输出每个像素的最大预测类别
net.forward()
out = net.blobs['score'].data[0].argmax(axis=0)
out=out.astype(np.uint8)
# 声明一个测试对象testobject
testobject = Voc()
# 使用测试对象调用plotpalette函数输出分割图，并存储分割图
labelim=testobject.plotpalette(out)
labelim.show()
#labelim.save('2008_000026_out.png')
labelim.save('2008_000082_out.png')
# 使用测试对象调用printclasses函数输出图像中包含的类别
testobject.printclasses(out)
```

voc_helper.py中仅包含一个Voc类，类中的plotpalette函数将分割输出的类别按照

颜色模板进行分割结果输出，printclasses 函数输出类别名称。

```
voc_helper.py
import os
import copy
import glob
import numpy as np
# 导入图像处理的相关包
from PIL import Image
# 声明类别
class Voc:
    # 初始化函数
    def __init__(self):
        # 类别标签
        self.classes = ['background', 'aeroplane', 'bicycle', 'bird', 'boat',
            'bottle', 'bus', 'car', 'cat', 'chair', 'cow',
            'diningtable', 'dog', 'horse', 'motorbike', 'person',
            'pottedplant', 'sheep', 'sofa', 'train', 'tvmonitor']
        # 构建类别对应的颜色模板，与 ground truth 中的颜色模板相同
        palette=[]
        for i in range(256):
            palette.extend((i,i,i))
        palette[:3*21]     = np.array(
            [[0, 0, 0], [128, 0, 0], [0, 128, 0], [128, 128, 0], [0, 0, 128],
            [128, 0, 128], [0, 128, 128], [128, 128, 128], [64, 0, 0], [192, 0, 0],
            [64, 128, 0], [192, 128, 0], [64, 0, 128], [192, 0, 128],[64, 128, 128],
            [192,128,128],[0,64,0],[128,64,0],[0,192,0],[128,192,0],[0, 64, 128]],
            dtype='uint8').flatten()
        self.palette=palette
    # 将颜色模板绘制在输出结果上
    def plotpalette(self, label_im):
        if label_im.ndim == 3:
            label_im = label_im[0]
        label = Image.fromarray(label_im, mode='P')
        label.show()
        label.putpalette(self.palette)
        return label
    # 将输出结果中包含的类别输出
    def printclasses(self,label_im):
        if label_im.ndim == 3:
            label_im = label_im[0]
        classname=np.unique(label_im)
        print('The picture contains category:')
        for i in classname:
            print(self.classes[i])
```

3.3.4　实验结果与结论

上一节介绍了程序实现，下面开始分析FCN-8s网络的实验结果。该实验环境为Ubuntu14. 04，硬件配置是PC处理器Intel Core i7-3770，主频为3.40GHz，内存为8GB。

（1）实验运行

在终端中首先进入程序所在的文件夹，输入`python solve.py`，训练网络开始运行，运行界面如图3-25所示，程序首先打印输出提前设置好的各项参数值，然后开始迭代训练。

```
I0825 18:35:52.245316  2338 solver.cpp:218] Iteration 0 (4.86843e+30 iter/s, 33.076s/20 iters), loss = 46270.3
I0825 18:35:52.245358  2338 solver.cpp:237]     Train net output #0: loss = 46270.3 (* 1 = 46270.3 loss)
I0825 18:35:52.245371  2338 sgd_solver.cpp:105] Iteration 0, lr = 1e-14
I0825 18:47:33.536607  2338 solver.cpp:218] Iteration 20 (0.0285188 iter/s, 701.291s/20 iters), loss = 19367.2
I0825 18:47:33.536653  2338 solver.cpp:237]     Train net output #0: loss = 30489.2 (* 1 = 30489.2 loss)
I0825 18:47:33.536666  2338 sgd_solver.cpp:105] Iteration 20, lr = 1e-14
I0825 18:59:05.431151  2338 solver.cpp:218] Iteration 40 (0.0289062 iter/s, 691.894s/20 iters), loss = 15401
I0825 18:59:05.431191  2338 solver.cpp:237]     Train net output #0: loss = 7151.64 (* 1 = 7151.64 loss)
I0825 18:59:05.431201  2338 sgd_solver.cpp:105] Iteration 40, lr = 1e-14
I0825 19:10:24.847028  2338 solver.cpp:218] Iteration 60 (0.0294371 iter/s, 679.415s/20 iters), loss = 16378.7
I0825 19:10:24.847065  2338 solver.cpp:237]     Train net output #0: loss = 12270.5 (* 1 = 12270.5 loss)
I0825 19:10:24.847076  2338 sgd_solver.cpp:105] Iteration 60, lr = 1e-14
I0825 19:21:54.983772  2338 solver.cpp:218] Iteration 80 (0.0289798 iter/s, 690.136s/20 iters), loss = 17280.3
I0825 19:21:54.983809  2338 solver.cpp:237]     Train net output #0: loss = 33527.9 (* 1 = 33527.9 loss)
I0825 19:21:54.983819  2338 sgd_solver.cpp:105] Iteration 80, lr = 1e-14
I0825 19:33:30.169658  2338 solver.cpp:218] Iteration 100 (0.0287693 iter/s, 695.185s/20 iters), loss = 12863.5
I0825 19:33:30.169697  2338 solver.cpp:237]     Train net output #0: loss = 19067.4 (* 1 = 19067.4 loss)
I0825 19:33:30.169708  2338 sgd_solver.cpp:105] Iteration 100, lr = 1e-14
I0825 19:45:12.805622  2338 solver.cpp:218] Iteration 120 (0.0284643 iter/s, 702.635s/20 iters), loss = 16532.7
I0825 19:45:12.805665  2338 solver.cpp:237]     Train net output #0: loss = 8413.61 (* 1 = 8413.61 loss)
I0825 19:45:12.805675  2338 sgd_solver.cpp:105] Iteration 120, lr = 1e-14
I0825 19:56:44.879199  2338 solver.cpp:218] Iteration 140 (0.0288987 iter/s, 692.073s/20 iters), loss = 16672.9
I0825 19:56:44.879266  2338 solver.cpp:237]     Train net output #0: loss = 25596.5 (* 1 = 25596.5 loss)
I0825 19:56:44.879282  2338 sgd_solver.cpp:105] Iteration 140, lr = 1e-14
I0825 20:08:05.304075  2338 solver.cpp:218] Iteration 160 (0.0293934 iter/s, 680.424s/20 iters), loss = 23924.8
I0825 20:08:05.304114  2338 solver.cpp:237]     Train net output #0: loss = 8093.82 (* 1 = 8093.82 loss)
I0825 20:08:05.304124  2338 sgd_solver.cpp:105] Iteration 160, lr = 1e-14
I0825 20:19:45.700791  2338 solver.cpp:218] Iteration 180 (0.0285553 iter/s, 700.396s/20 iters), loss = 14498.5
I0825 20:19:45.700834  2338 solver.cpp:237]     Train net output #0: loss = 28428.4 (* 1 = 28428.4 loss)
I0825 20:19:45.700845  2338 sgd_solver.cpp:105] Iteration 180, lr = 1e-14
I0825 20:31:14.919340  2338 solver.cpp:218] Iteration 200 (0.0290184 iter/s, 689.218s/20 iters), loss = 20254.5
I0825 20:31:14.919379  2338 solver.cpp:237]     Train net output #0: loss = 12352.8 (* 1 = 12352.8 loss)
I0825 20:31:14.919390  2338 sgd_solver.cpp:105] Iteration 200, lr = 1e-14
I0825 20:42:34.947803  2338 solver.cpp:218] Iteration 220 (0.0294106 iter/s, 680.028s/20 iters), loss = 19494.4
I0825 20:42:34.947842  2338 solver.cpp:237]     Train net output #0: loss = 17300.5 (* 1 = 17300.5 loss)
I0825 20:42:34.947852  2338 sgd_solver.cpp:105] Iteration 220, lr = 1e-14
I0825 20:54:07.413017  2338 solver.cpp:218] Iteration 240 (0.0288823 iter/s, 692.465s/20 iters), loss = 18842.7
I0825 20:54:07.413058  2338 solver.cpp:237]     Train net output #0: loss = 17041.7 (* 1 = 17041.7 loss)
I0825 20:54:07.413067  2338 sgd_solver.cpp:105] Iteration 240, lr = 1e-14
I0825 21:05:52.695711  2338 solver.cpp:218] Iteration 260 (0.0283575 iter/s, 705.282s/20 iters), loss = 18100.3
I0825 21:05:52.695751  2338 solver.cpp:237]     Train net output #0: loss = 26896.9 (* 1 = 26896.9 loss)
I0825 21:05:52.695761  2338 sgd_solver.cpp:105] Iteration 260, lr = 1e-14
```

图3-25　FCN-8s训练图

（2）实验结果图

输入`python infer.py`，执行单张图片分割实验。本实例中使用训练好的网络模型对图片进行分割，选择 2008_000026.jpg 和 2008_000082.jpg 为分割目标，实验结果分别如图 3-26 和图 3-27 所示。

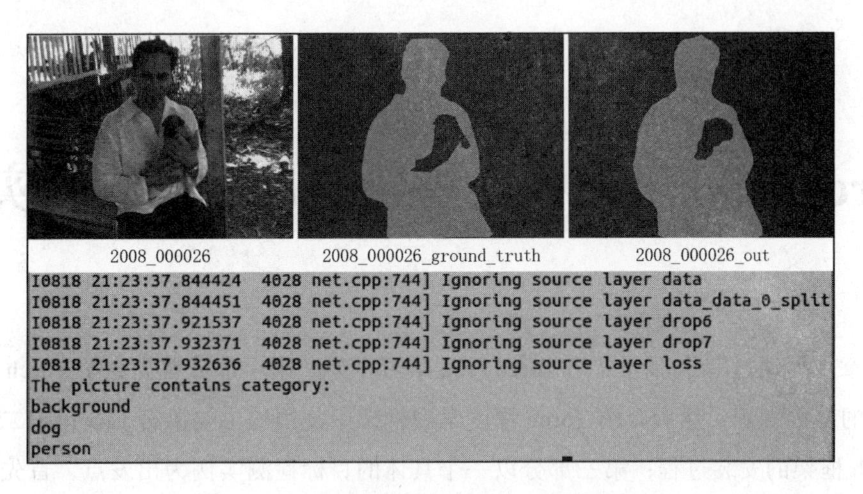

图 3-26 2008_000026.jpg 分割测试结果

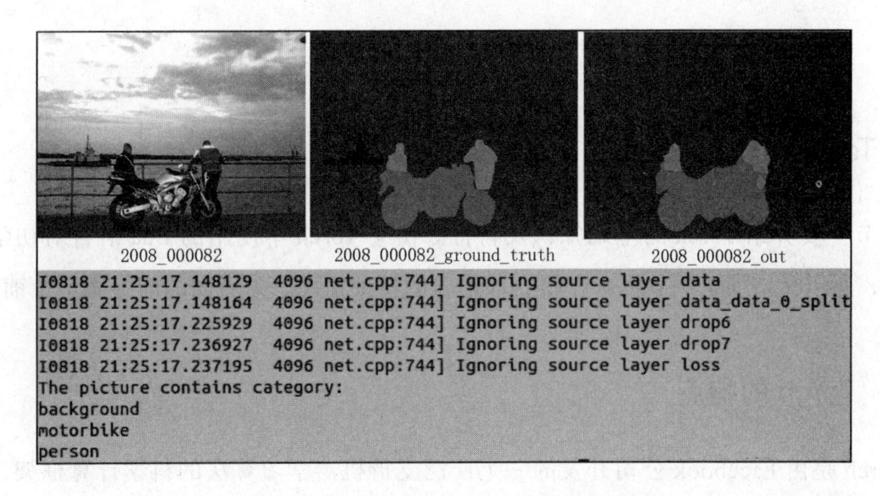

图 3-27 2008_000082.jpg 分割测试结果

从分割实验结果图中可以看出，FCN 能够在多目标场景中对多种目标同时进行分割，在多目标边缘（如 2008_000026 中小狗的边缘）以及复杂场景中目标分割（如 2008_000082 中的船）的能力仍有待提高。

CHAPTER 4

第4章 Torch深度学习框架搭建与目标检测的实现

本章主要通过三个部分介绍 Torch 深度学习框架，第一部分首先介绍 Torch 深度学习框架的基础知识，然后介绍 Torch 深度学习框架中使用的主要语言 Lua；第二部分介绍 Torch 框架的安装过程；第三部分以一个具体的目标检测实例为出发点，首先介绍了 Torch 的类和包的用法，接着介绍构建神经网络的过程，最后介绍 Faster R-CNN 及其实例。

4.1 Torch 概述

本节主要介绍 Torch 的基础知识及特征。由于 Torch 中使用的 Lua 语言对初学者比较陌生，所以又增加了一节用来介绍 Lua 语言的基础知识，为后面的内容做一个铺垫。

4.1.1 Torch 的特点

Torch 是由 Facebook 公司开发的一个广泛支持机器学习算法的科学计算框架，该框架主要使用 GPU 进行科学计算。Torch 使用简单快速的脚本语言 LuaJIT 以及底层的 C/CUDA 进行实现，因此易于使用且高效。

Torch 的目标是：让用户在使用该框架构建科学算法的过程中能够拥有最大的灵活性和速度，同时使构建科学算法的过程变得简单。Torch 在机器学习、计算机视觉、信号处理、并行处理、图像处理等方面拥有一个大型的资源包，并建立在 Lua 之上。

Torch 的核心是当下流行的神经网络和优化库，在实现复杂的神经网络拓扑方面 Torch 不仅易于使用，而且具有最大的灵活性。在 Torch 中可以构建神经网络的任意模型，并以高效的方式并行化 CPU 和 GPU。目前 Torch 在许多学校的实验室以及在 Google、Twitter、NVIDIA、AMD、Intel 等公司大量使用。

接下来介绍一下 Torch 的核心特征。

1）拥有强大的 *n* 维数组。Torch 中唯一的数据结构就是 Tensor，其实就是多维矩阵，支持矩阵的各种操作。该结构简洁并且强大，非常适合进行矩阵类的数值计算。这里需要强调 Lua 中的数组下标是从 1 开始的，因此 Tensor 对象的下标也是从 1 开始。

2）提供很多实现索引、切片的例程。Torch 中内置了很多索引、切片的例程以方便调用，使用者在不知道内部原理的前提下也可以快速得到想要的结果。

3）通过 LuaJIT 向 C 提供了强大的接口。LuaJIT 是采用 C 语言写的 Lua 代码的解释器。LuaJIT 保留了 Lua 的轻量级、高效和可扩展的特点。LuaJIT 兼容 Lua5.1，而且接受同样的源代码或预编译字节码，支持所有标准语言的语义。

4）提供线性代数例程。通过线性代数例程可以对向量、向量空间、线性变换和有限维的线性方程组进行操作。由于科学研究中的非线性模型通常可以被近似为线性模型，使得线性代数被广泛地应用于科学研究中。

5）提供神经网络模型。Torch 提供了神经网络包 nn，使用该神经网络包可以方便地构建神经网络模型，并执行相关的操作。

6）提供数值优化例程。数值优化通过迭代的方式解决优化问题，是数学建模中关键的一环。建模过程需要确定优化目标、目标所依赖的变量以及变量之间的约束关系，最后通过优化算法解决问题。

7）快速高效的 GPU 支持。Torch 中有 CUDA 的对应实现，可以在 NVIDIA GPU 上进行相关的运算。

8）可嵌入、可移植到 iOS、Android 等的后台。方便嵌入到后台可以避免开发者重复编写代码，大大增加开发的效率。

4.1.2 Lua语言

在介绍完Torch之后有必要介绍一下Lua语言，因为Torch中的主要语言是Lua脚本语言。Lua是一个小巧的脚本语言，由巴西里约热内卢天主教大学（Pontifical Catholic University of Rio de Janeiro）的一个研究小组于1993年开发。Lua的设计目的是为了嵌入应用程序中，从而为应用程序提供灵活的扩展和定制功能。Lua由标准C编写而成，几乎在所有操作系统和平台上都可以编译、运行。Lua并没有提供强大的库，所以Lua不适合作为开发独立应用程序的语言。Lua有一个同时进行的JIT项目，提供在特定平台上的即时编译功能。

Lua脚本可以很容易地被C/C++代码调用，也可以反过来调用C/C++函数，这使得Lua在应用程序中可以被广泛应用。Lua既可作为扩展脚本，也可以作为普通的配置文件，代替XML、INI等文件格式，并且更容易理解和维护。一个完整的Lua解释器不超过200KB，在目前所有脚本引擎中，Lua的速度是最快的。这一切都决定了Lua是作为嵌入式脚本的最佳选择。

Lua语言有如下特性：

1）轻量级。它用标准C语言编写并以源代码形式开放，编译后仅一百余KB，可以很方便地嵌入到别的程序中。

2）可扩展。Lua提供了易于使用的扩展接口和机制，由宿主语言（通常是C或C++）提供这些功能，Lua可以像是使用内置的功能一样使用它们。

3）支持面向过程（Procedure-Oriented）编程和函数式编程（Functional Programming）。

4）自动内存管理。Lua只提供了一种通用类型的表（Table），用它可以实现数组、散列表、集合、对象。

5）闭包（Closure）。通过闭包可以很方便地支持面向对象编程所需要的一些关键机制，比如数据抽象、虚函数、继承和重载等。

Lua的应用场景包括：游戏开发；独立应用脚本；Web应用脚本；扩展和数据库插件，如MySQL Proxy和MySQL WorKBench；安全系统，如入侵检测系统。

大致了解 Lua 的起源、特性及应用场景之后，下面介绍一下 Lua 的基本用法。

（1）Lua 提供两种编程模式

第一种是交互式编程模式，可以在命令行中输入程序并立即查看效果，可以通过命令 lua -i 或 lua 来启用该编程模式。

第二种是脚本式编程模式，可以将 Lua 程序代码保存到一个以 lua 结尾的文件并执行。例如将代码存储在名为 hello.lua 的脚本文件中，使用 lua 名执行该脚本（$ th hello.lua）就可以得到输出结果。

（2）Lua 的数据类型

Lua 是动态类型语言，变量不需要类型定义，只需要为变量赋值。存储在变量中的值可以作为参数传递或结果返回。Lua 中有 8 个基本类型，分别为 nil、boolean、number、string、userdata、function、thread 和 table，具体描述如表 4-1。

表 4-1　Lua 的数据类型与描述

数据类型	描述
nil	只有值 nil 属于该类，表示一个无效值（在条件表达式中相当于 false）
boolean	boolean 包含两个值：false 和 true
number	表示双精度类型的实浮点数
string	字符串由一对双引号或单引号来表示
function	由 C 或 Lua 编写的函数
userdata	表示任意存储在变量中的 C 数据结构
thread	表示执行的独立线路，用于执行协同程序
table	Lua 中的表其实是一个关联数组，数组的索引可以是数字或者是字符串。在 Lua 中，表的创建通过构造表达式来完成，最简单的构造表达式是 {}，即用来创建一个空表。

（3）Lua 变量

变量在使用前，必须在代码中进行声明，即创建该变量。编译程序执行代码之前，编译器需要知道如何给变量语句开辟存储区，用于存储变量的值。

Lua 变量有两种类型：全局变量和局部变量。Lua 变量默认是全局变量，特殊的情况用 local 显式声明为局部变量。局部变量的作用域为从声明位置开始到所在语句块结束。变量的默认值均为 nil。

（4）Lua 循环

Lua 语言提供了以下几种循环处理方式，如表 4-2 所示。

表 4-2 Lua 循环类型与描述

循环类型	描述
while 循环	在条件为 true 时，让程序重复地执行某些语句。执行语句前会先检查条件是否为 true
for 循环	重复执行指定语句，重复次数可在 for 语句中控制
repeat...until	重复执行循环，直到指定的条件为真时停止循环
循环嵌套	可以在循环内嵌套一个或多个循环语句（while、for）

（5）Lua 函数

在 Lua 中，函数是对语句和表达式进行抽象的主要方法，既可以用来处理一些指定的工作，也可以用来计算并返回值。Lua 提供了许多内建函数，可以很方便地在程序中调用它们，如 print( ) 函数可以将传入的参数打印在控制台上。

Lua 函数主要有两种用途：

1）完成指定的任务，这种情况下函数作为调用语句使用。

2）计算并返回值，这种情况下函数作为赋值语句的表达式使用。

Lua 的基本语法就介绍到这里，这些为后面实例指导打下基础，如果需要学习 Lua 的全部基本语法可以参考 Lua 的相关教程。

4.2 Torch 框架安装

Torch 要求的安装环境为 Mac OS X 和 Ubuntu 12+，下面的步骤是在 Mac OS X 和

Ubuntu 12+ 上的 Torch 安装过程。

1）在终端界面中依次输入下面三行命令（各命令界面见图 4-1 至图 4-4，注意第二行命令安装的是 Torch 的 LuaJIT，如果需要安装 Torch 的 Lua 5.2 请跳转至第 4 步）：

```
git clone https://github.com/torch/distro.git ~/torch --recursive
cd ~/torch; bash install-deps;
./install.sh
```

```
:~$ clear
:~$ git clone https://github.com/torch/dis
tro.git ~/torch --recursive
正克隆到 '/torch'...
remote: Counting objects: 1580, done.
remote: Total 1580 (delta 0), reused 0 (delta 0), pack-reused 1580
接收对象中: 100% (1580/1580), 333.14 KiB | 5.00 KiB/s, 完成.
处理 delta 中: 100% (916/916), 完成.
检查连接... 完成。
子模组 'exe/env' (https://github.com/torch/env.git) 未对路径 'exe/env' 注册
子模组 'exe/luajit-rocks' (https://github.com/torch/luajit-rocks.git) 未对路径 '
exe/luajit-rocks' 注册
子模组 'exe/qtlua' (https://github.com/torch/qtlua.git) 未对路径 'exe/qtlua' 注
册
子模组 'exe/trepl' (https://github.com/torch/trepl.git) 未对路径 'exe/trepl' 注
册
子模组 'extra/argcheck' (https://github.com/torch/argcheck.git) 未对路径 'extra/
argcheck' 注册
子模组 'extra/cudnn' (https://github.com/soumith/cudnn.torch.git) 未对路径 'extr
a/cudnn' 注册
子模组 'extra/cunn' (https://github.com/torch/cunn.git) 未对路径 'extra/cunn' 注
册
子模组 'extra/cutorch' (https://github.com/torch/cutorch.git) 未对路径 'extra/cu
```

图 4-1　终端执行第一行命令界面

```
正克隆到 '/torch/exe/luajit-rocks'...
正克隆到 '/torch/exe/qtlua'...
正克隆到 '/torch/exe/trepl'...
正克隆到 '/torch/extra/argcheck'...
正克隆到 '/torch/extra/cudnn'...
正克隆到 '/torch/extra/cunn'...
正克隆到 '/torch/extra/cutorch'...
正克隆到 '/torch/extra/graph'...
正克隆到 '/torch/extra/lua-cjson'...
正克隆到 '/torch/extra/luaffifb'...
正克隆到 '/torch/extra/luafilesystem'...
```

图 4-2　下载 Torch 相关包界面

通过运行以上三个命令，可以在～ /torch 中将 Torch 安装到计算机的主文件夹下。第一个脚本安装 LuaJIT 和 Torch 所需要的基本软件包的依赖。第二个脚本安装 LuaJIT、LuaRocks，然后使用 LuaRocks（lua 软件包管理器）安装核心软件包，如 torch、nn 和 path 以及其他一些软件包。

```
:~$ cd ~/torch; bash install-deps;
[sudo] 的密码:
命中:1 http://archive.ubuntukylin.com:10006/ubuntukylin xenial InRelease
命中:2 http://cn.archive.ubuntu.com/ubuntu yakkety InRelease
命中:3 http://cn.archive.ubuntu.com/ubuntu yakkety-updates InRelease
命中:4 http://ppa.launchpad.net/notepadqq-team/notepadqq/ubuntu yakkety InRelease
命中:5 http://cn.archive.ubuntu.com/ubuntu yakkety-backports InRelease
命中:6 http://security.ubuntu.com/ubuntu yakkety-security InRelease
正在读取软件包列表... 完成
Updated successfully.
正在读取软件包列表... 完成
正在分析软件包的依赖关系树
正在读取状态信息... 完成
下列软件包是自动安装的并且现在不需要了:
  mir-platform-graphics-mesa-kms10 mir-platform-graphics-mesa-x10
  mir-platform-input-evdev5 snap-confine ubuntu-core-launcher
使用'sudo apt autoremove'来卸载它(它们)。
将会同时安装下列软件:
  python-apt python-pycurl
建议安装:
  python-apt-dbg python-apt-doc libcurl4-gnutls-dev python-pycurl-dbg
  python-pycurl-doc
```

图 4-3 终端执行第二行命令界面

```
正在设置 libqt4-qt3support:amd64 (4:4.8.7+dfsg-7ubuntu1) ...
正在设置 libxcb-xfixes0-dev:amd64 (1.11.1-1ubuntu1) ...
正在设置 libxdamage-dev:amd64 (1:1.1.4-2) ...
正在设置 libwxgtk3.0-0v5:amd64 (3.0.2+dfsg-2) ...
正在设置 python-pexpect (4.2.0-1) ...
正在设置 gnuplot-data (5.0.4+dfsg1-3) ...
正在设置 libqt4-dev-bin (4:4.8.7+dfsg-7ubuntu1) ...
正在设置 gnuplot-x11 (5.0.4+dfsg1-3) ...
update-alternatives: 使用 /usr/bin/gnuplot-x11 来在自动模式中提供 /usr/bin/gnuplo
t (gnuplot)
正在设置 libxcb-present-dev:amd64 (1.11.1-1ubuntu1) ...
正在设置 libqt4-dev (4:4.8.7+dfsg-7ubuntu1) ...
正在设置 ipython (2.4.1-1) ...
正在设置 gnuplot (5.0.4+dfsg1-3) ...
正在设置 libgl1-mesa-dev:amd64 (12.0.6-0ubuntu0.16.10.1) ...
正在设置 libglu1-mesa-dev:amd64 (9.0.0-2.1build1) ...
正在设置 libqt4-opengl-dev (4:4.8.7+dfsg-7ubuntu1) ...
正在处理用于 libc-bin (2.24-3ubuntu2.2) 的触发器 ...
Skipping install of OpenBLAS - it is already installed.
==> Torch7's dependencies have been installed
:~/torch$ ./install.sh
Prefix set to /torch/install
Installing Lua version: LUAJIT21
```

图 4-4 终端执行第三行命令界面

在执行第三行命令的过程中可能会出现如图 4-5 的选择，接下来它会提示是否把 Torch 加入 bashrc 中，有“(yes/no)”提示，输入“yes”即可。

2）第一步执行完之后，继续在终端输入下面命令，根据实际情况三个命令中选一个执行即可。

```
# On Linux with bash
source ~/.bashrc
# On Linux with zsh
source ~/.zshrc
# On OSX or in Linux with none of the above.
source ~/.profile
```

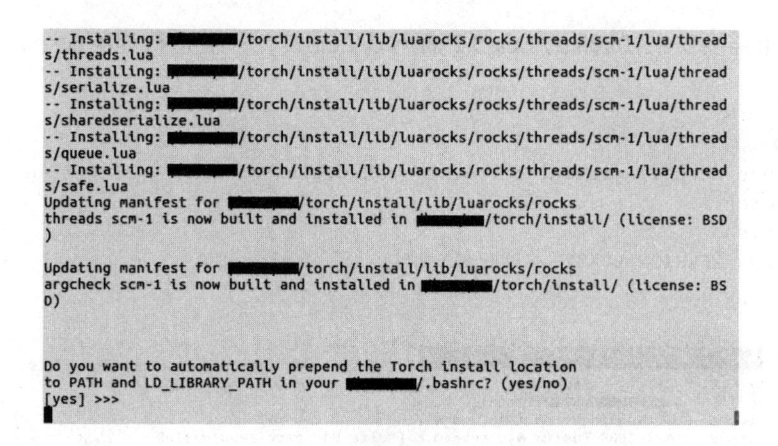

```
-- Installing: /torch/install/lib/luarocks/rocks/threads/scm-1/lua/thread
s/threads.lua
-- Installing: /torch/install/lib/luarocks/rocks/threads/scm-1/lua/thread
s/serialize.lua
-- Installing: /torch/install/lib/luarocks/rocks/threads/scm-1/lua/thread
s/sharedserialize.lua
-- Installing: /torch/install/lib/luarocks/rocks/threads/scm-1/lua/thread
s/queue.lua
-- Installing: /torch/install/lib/luarocks/rocks/threads/scm-1/lua/thread
s/safe.lua
Updating manifest for /torch/install/lib/luarocks/rocks
threads scm-1 is now built and installed in /torch/install/ (license: BSD
)

Updating manifest for /torch/install/lib/luarocks/rocks
argcheck scm-1 is now built and installed in /torch/install/ (license: BS
D)


Do you want to automatically prepend the Torch install location
to PATH and LD_LIBRARY_PATH in your /.bashrc? (yes/no)
[yes] >>>
```

图 4-5　Torch 提示加入 bashrc 界面

执行第一个命令的界面如图 4-6 所示。

```
Updating manifest for /torch/install/lib/luarocks/rocks
argcheck scm-1 is now built and installed in /torch/install/ (license: BS
D)


Do you want to automatically prepend the Torch install location
to PATH and LD_LIBRARY_PATH in your /.bashrc? (yes/no)
[yes] >>>
yes
:~/torch$ source ~/.bashrc
:~/torch$
```

图 4-6　终端执行第一个命令界面

该脚本将 Torch 添加到 PATH 变量中，同时安装脚本将检测当前的 shell，并修改正确配置文件中的路径。

3）如果想要卸载 Torch，只需要执行下面的一条命令，执行完之后 Torch 文件夹自动删除，如图 4-7 所示。

```
rm -rf ~/torch
```

```
Do you want to automatically prepend the Torch install location
to PATH and LD_LIBRARY_PATH in your /.bashrc? (yes/no)
[yes] >>>
yes
:~/torch$ source ~/.bashrc
:~/torch$ rm -rf ~/torch
:~/torch$
```

图 4-7　终端卸载 Torch 命令界面

4）如果需要安装 Torch 的 Lua 5.2 而不是 LuaJIT，只需运行如下命令，如图 4-8 和图 4-9 所示。

```
git clone https://github.com/torch/distro.git ~/torch  --recursive
cd ~/torch
./clean.sh
TORCH_LUA_VERSION=LUA52 ./install.sh
```

```
:~$ clear
:~$ git clone https://github.com/torch/dis
tro.git ~/torch --recursive
正克隆到 '/torch'...
remote: Counting objects: 1580, done.
remote: Total 1580 (delta 0), reused 0 (delta 0), pack-reused 1580
接收对象中: 100% (1580/1580), 333.14 KiB | 5.00 KiB/s, 完成.
处理 delta 中: 100% (916/916), 完成.
检查连接... 完成。
子模组 'exe/env' (https://github.com/torch/env.git) 未对路径 'exe/env' 注册
子模组 'exe/luajit-rocks' (https://github.com/torch/luajit-rocks.git) 未对路径 '
exe/luajit-rocks' 注册
子模组 'exe/qtlua' (https://github.com/torch/qtlua.git) 未对路径 'exe/qtlua' 注
册
子模组 'exe/trepl' (https://github.com/torch/trepl.git) 未对路径 'exe/trepl' 注
册
子模组 'extra/argcheck' (https://github.com/torch/argcheck.git) 未对路径 'extra/
argcheck' 注册
子模组 'extra/cudnn' (https://github.com/soumith/cudnn.torch.git) 未对路径 'extr
a/cudnn' 注册
子模组 'extra/cunn' (https://github.com/torch/cunn.git) 未对路径 'extra/cunn' 注
册
子模组 'extra/cutorch' (https://github.com/torch/cutorch.git) 未对路径 'extra/cu
```

图 4-8　终端执行第一行命令界面

```
子模组路径 'extra/luaffifb': 检出 '610ce4dc6de318c8f0eb027f052be081349097be'
子模组路径 'extra/luafilesystem': 检出 '3c4e563d9c140319e28c419f2710b51a2f6d6d24'
子模组路径 'extra/nn': 检出 '200ae7d55a3381a232256223c0694498f8f51df0'
子模组路径 'extra/nngraph': 检出 '3ed3b9ba9d1adf72c1fe15291a1e50b843cf04f9'
子模组路径 'extra/nnx': 检出 '1c28e231f885899a4ed68266e788306cab2ac07a'
子模组路径 'extra/penlight': 检出 '6d108e6a699fbafd5dace1019d03f4b4b18231fa'
子模组路径 'extra/threads': 检出 '7094a90be44ecdd5f9f0b90560473ad27f3bb07d'
子模组路径 'pkg/cwrap': 检出 'dbd0a623dc4dfb4b8169d5aecc6dd9aec2f22792'
子模组路径 'pkg/dok': 检出 '1b36900e1bfa6ee7f48db52c577bdeb7d9e85909'
子模组路径 'pkg/gnuplot': 检出 'a75e6782bdd5a7aa3ed5c2a0a88b63a916472c66'
子模组路径 'pkg/image': 检出 '5aa18819b6a7b44751f8a858bd232d1c07b67985'
子模组路径 'pkg/optim': 检出 '656c42af1f996e4a5d6aae3b9aeac831ca162241'
子模组路径 'pkg/paths': 检出 '4ebe222ba12589fb9d86c1d3895d7f509df77b6a'
子模组路径 'pkg/qttorch': 检出 'ba5b5a143482857f80237181d5fde0a3ba20477b'
子模组路径 'pkg/sundown': 检出 '4324669b1adbde92cef2dbf4550428a13a03ca6f'
子模组路径 'pkg/sys': 检出 'f073f057d3fd2148866eaa0444a62ababfdf935e'
子模组路径 'pkg/torch': 检出 '3e9e141ced1afd0cad451e69f90e6e53503647ca'
子模组路径 'pkg/xlua': 检出 '41308fe696bf8b0892f4ad4f9857d12a87a3f75e'
:~$ cd ~/torch
:~/torch$ ./clean.sh
:~/torch$ TORCH_LUA_VERSION=LUA52 ./install.sh
Prefix set to /torch/install
Installing Lua version: LUA52
```

图 4-9　终端执行第二行至第四行命令界面

可以使用命令行中的 Luarocks 安装新软件包（见图 4-10 和图 4-11）。

```
$ luarocks install image
$ luarocks list
```

```
:~$ luarocks install image
Installing https://raw.githubusercontent.com/torch/rocks/master/image-1.1.alpha-0
.rockspec...
Using https://raw.githubusercontent.com/torch/rocks/master/image-1.1.alpha-0.rock
spec... switching to 'build' mode
正克隆到 'image'...
remote: Counting objects: 51, done.
remote: Compressing objects: 100% (48/48), done.
remote: Total 51 (delta 3), reused 26 (delta 1), pack-reused 0
接收对象中: 100% (51/51), 631.23 KiB | 105.00 KiB/s, 完成.
处理 delta 中: 100% (3/3), 完成.
检查连接... 完成。
Warning: unmatched variable LUALIB
cmake -E make_directory build && cd build && cmake .. -DLUALIB= -DCMAKE_BUILD_TYP
E=Release -DCMAKE_PREFIX_PATH="/home/wu/torch/install/bin/.." -DCMAKE_INSTALL_PRE
FIX="/home/wu/torch/install/lib/luarocks/rocks/image/1.1.alpha-0" && make

-- The C compiler identification is GNU 6.2.0
-- The CXX compiler identification is GNU 6.2.0
-- Check for working C compiler: /usr/bin/cc
-- Check for working C compiler: /usr/bin/cc -- works
-- Detecting C compiler ABI info
-- Detecting C compiler ABI info - done
-- Detecting C compile features
```

图 4-10　终端执行第一行命令界面

```
:~$ luarocks list
Warning: Failed loading manifest for /.luarocks/lib/luarocks/rocks: /home
/.luarocks/lib/luarocks/rocks/manifest: No such file or directory

Installed rocks:
----------------

argcheck
   scm-1 (installed) - /torch/install/lib/luarocks/rocks

cwrap
   scm-1 (installed) - /torch/install/lib/luarocks/rocks
```

图 4-11　终端执行第二行命令界面

5）若检验 Torch 是否安装成功，可以通过在终端中输入 th 命令，如果出现如图 4-12 所示的“Torch”字样，则说明 Torch 安装成功。

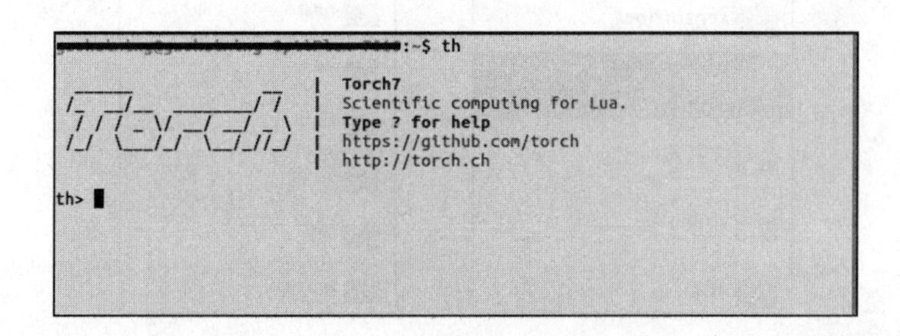

图 4-12　Torch 成功安装界面

安装完 Torch 之后，可以使用 cd 命令进入执行文件所在的目录下，使用 th 加上要运行的文件并运行（如 $ th cifar10.lua），其中 th 是 Torch 的数据结构，实现了 tensor vector 等数据结构，除此之外还包括内存的管理。

在 Torch 中要退出交互式会话，需要键入 os.exit ( )。一旦键入完整的表达式，如 “1 + 2”，并且按回车键，交互式会话将计算表达式并显示其值 3，如图 4-13 所示。

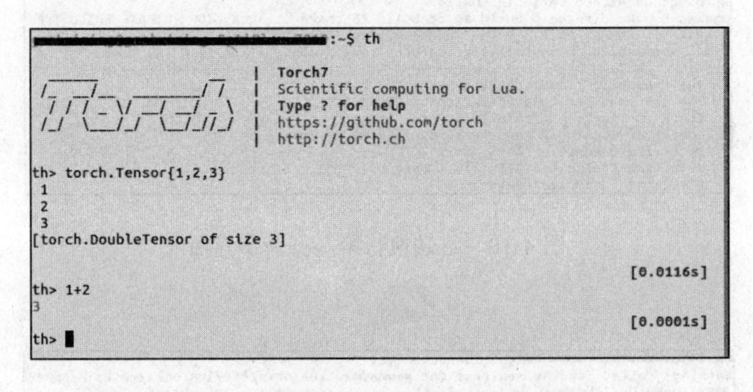

图 4-13　测试 Torch 交互式会话界面

Torch 安装完之后在主目录之下会生成一个 torch 文件夹（见图 4-14），在文件夹下会有相应的文件支持。

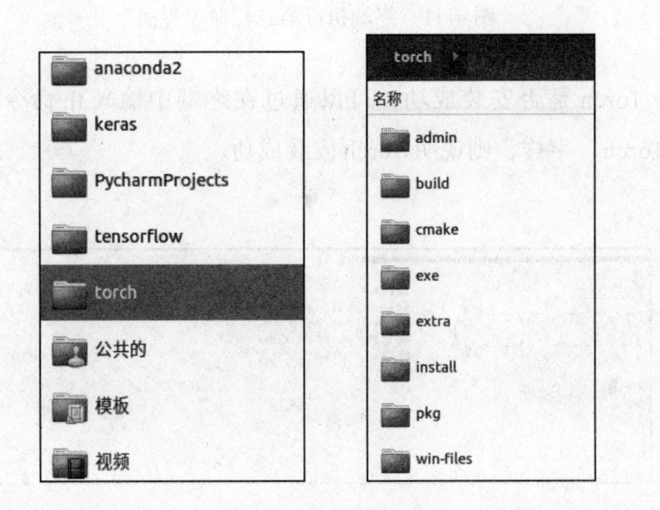

图 4-14　Torch 文件夹界面

下面的安装步骤针对 GPU，基于 CPU 则可跳过，GPU 下的安装在以上步骤的基础上继续。

6）安装 CUDA。直接从官网下载对应版本的 CUDA，CUDA 是一种由 NVIDIA 推出的通用并行计算架构，该架构使 GPU 能够解决复杂的计算问题。它包含了 CUDA 指令集架构以及 GPU 内部的并行计算引擎，如图 4-15 所示。

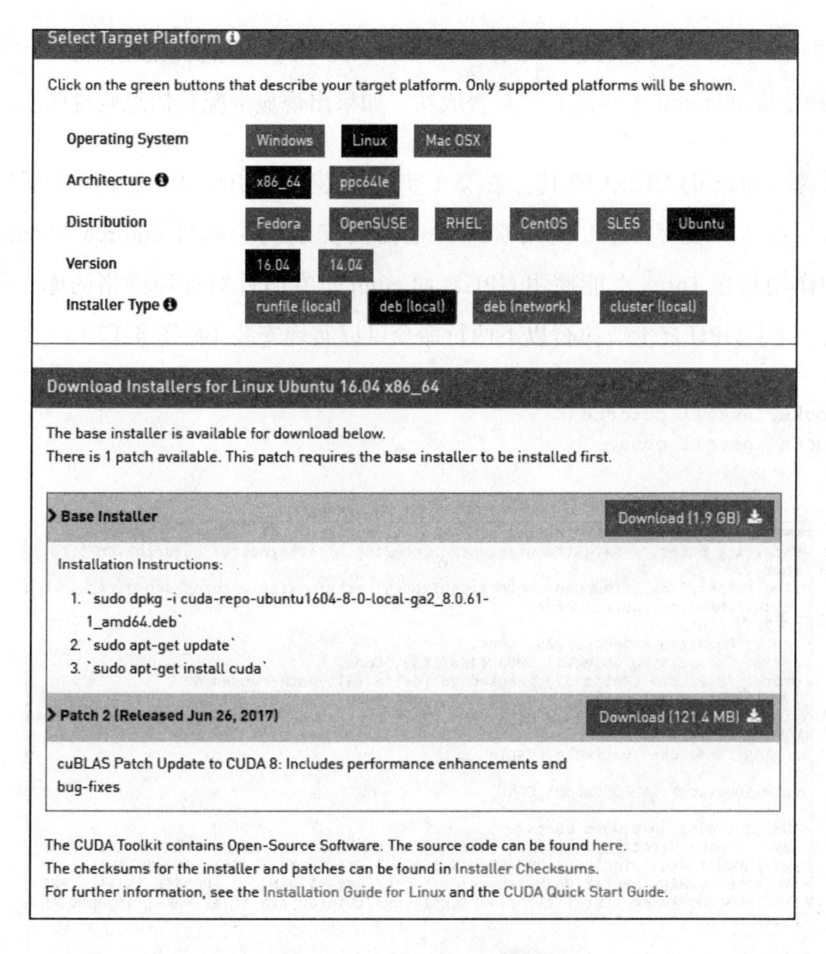

图 4-15 下载 CUDA 界面

直接双击下载的 deb 文件并安装。deb 文件安装完之后，还需要通过命令行来安装 CUDA 的附加库。在终端执行下面两行命令（见图 4-16）。

```
sudo apt-get update
sudo apt-get install cuda
```

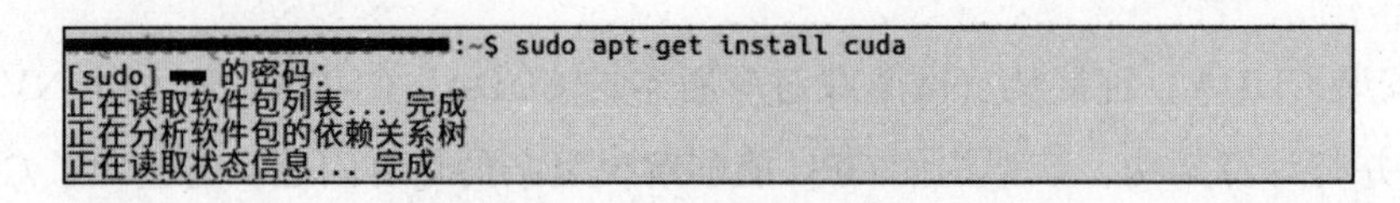

图 4-16　安装 CUDA 界面

上面的语句 apt-get 会根据 deb 文件的 CUDA 不同版本而安装相应的库。安装完之后可以使用命令 nvidia-smi 来测试安装是否成功，如果出现显卡配置信息则说明安装成功。

7）安装 Torch 的 CUDA 支持。在第 6 步中安装的 CUDA 是所有程序框架都可以使用的通用版本。但是 Torch 使用 CUDA 还需要安装两个库即 cutorch 和 cunn。其中 cutorch 的作用是在 Torch 上能使用 GPU，而 cunn 是专门针对神经网络的库，作用是使神经网络运行于 GPU 之上。执行以下两行命令可以实现安装（见图 4-17）。

```
luarocks install cutorch
luarocks install cunn
```

```
:~$ luarocks install cutorch
Installing https://raw.githubusercontent.com/torch/rocks/master/cutorch-scm-1.roc
kspec...
Using https://raw.githubusercontent.com/torch/rocks/master/cutorch-scm-1.rockspec
... switching to 'build' mode
正克隆到 'cutorch'...
remote: Counting objects: 229, done.
remote: Compressing objects: 100% (183/183), done.
remote: Total 229 (delta 62), reused 90 (delta 44), pack-reused 0
接收对象中: 100% (229/229), 240.57 KiB | 368.00 KiB/s, 完成.
处理 delta 中: 100% (62/62), 完成.
检查连接... 完成。
Warning: unmatched variable LUALIB

jopts=$(getconf _NPROCESSORS_CONF)

echo "Building on $jopts cores"
cmake -E make_directory build && cd build && cmake .. -DLUALIB= -DLUA_INCDIR=/hom
e/wu/torch/install/include -DCMAKE_CXX_FLAGS=${CMAKE_CXX_FLAGS} -DCMAKE_BUILD_TYP
E=Release -DCMAKE_PREFIX_PATH="/home/wu/torch/install/bin/.." -DCMAKE_INSTALL_PRE
FIX="/home/wu/torch/install/lib/luarocks/rocks/cutorch/scm-1" && make -j$jopts in
stall

Building on 4 cores
```

图 4-17　终端执行第一行命令界面

安装完成之后在终端输入如下代码进行测试输入：

```
th -e "require 'cutorch';
require 'cunn';
print(cutorch)"
```

如果输出信息且不报错则说明 CUDA 支持安装完毕。

4.3 基于 Torch 框架的目标检测实现（Faster R-CNN）

本节进入 Torch 框架的实例指导，在进行代码讲解之前，需要先了解一些 Torch 的类和包的结构及基本用法，接着介绍用 Torch 构建神经网络的步骤，然后介绍 Faster R-CNN 的基础知识，最后才进入实例指导。

4.3.1 Torch 的类和包的基本用法

这一部分介绍 Torch 的类和包的结构及基本用法。这里首先介绍 Tensor 类，之后重点介绍 Torch 的神经网络包（nn）。

Tensor 类是 Torch 中最重要的类，几乎所有的包都依赖于这个类实现，它是整个 Torch 实现的数据基础。简单来说，Tensor 实际上就是一个多维矩阵，类似 C 语言中的数组。Torch 中的基本运算均能通过 Tensor 自带的操作来完成，只需要编写一个 lua 文件就可以使用，非常方便。但使用 Tensor 操作无法完成计算或者效率太低时，就需要使用 C 和 Cuda 来实现核心算法，然后用 Lua 来调用，这个方法就稍微复杂一些。Tensor 的类型如表 4-3 所示。

表 4-3　Tensor 的类型及表示

Tensor 类型	表示
ByteTensor	unsigned char
CharTensor	signed char
ShortTensor	short
IntTensor	int
FloatTensor	float
DoubleTensor	double

其中大多数的数学操作仅用到了 Float 如下和 DoubleTensor。如果需要优化内存，那么会用到其他类型。在实践中为了使用方便，一般使用 torch.Tensor 和 torch.storage 来定义数据，因为它独立于数据类型。下面举几个例子以加深对 Tensor 的理解。

1）#Tensor 可以创建多维数组，数组中是任意数

```
z = torch.Tensor(3,4,2,3,5)
```

2）# 使用 storage 创建数组，数组中是随机生成的数

```
s= torch.longStorage(3)
s[1] = 2; s[2] = 3; s[3] = 5
x = torch.Tensor(s)
```

3）# 可以通过 dim() 访问 Tensor 的维度数

```
x:dim()
#size(i) 可以返回第 i 维的大小
x:size(2)
#size() 会返回所有维的大小
x:size()
```

4）#rand() 会生成随机数组

```
a = torch.rand(5,3)
b=torch.rand(3,4)
# 矩阵与矩阵乘法
torch.mm(a,b)
c=torch.Tensor(5,4)
# 存储 a*b 的结果到 c 中，矩阵相乘注意下标
c:mm(a,b)
```

5）# 在 GPU 上实现 4）的 Tensors 运算

```
require 'cutorch';
a = a:cuda()
b = b:cuda()
c = c:cuda()
# 在 GPU 上执行
c:mm(a,b)
```

Tensor 类还有很多具体的用法这里就不再详细介绍了，如果有需要可以自行查阅 Tensor 类的具体用法。下面将重点介绍 Torch 的神经网络包（nn）。

首先对整个神经网络包（nn）进行总览，神经网络包由不同模块（Module）组成。Module 是抽象类，可以通过定义成员函数实现不同的神经网络结构。Torch 中的 Module 相当于 Caffe 中的 Layer，每个 Module 有固定的实现，比如更新输出、更新梯度等，用户可以直接调用这些操作。

Torch 中神经网络训练的方式有很多种，比如有“手动挡”和“自动挡”。手动挡就

是自己编写函数实现更新权值，该方式一般只针对只有简单层的网络。如果有卷积层的话，编写会比较复杂。自动挡就是直接调用内部的优化函数包 optim 来进行训练。

Module 主要有 4 个函数。

1）前向传播函数：`[output]forward(input)`

2）反向传播函数：`[gradInput]backward(input.gradOutput)`，以及在后面自动挡训练方式中重载的两个函数。

3）更新输出函数：`[output]updateOutput(input)`

4）更新梯度函数：`[gradInput]updateGradInput(input,gradOutput)`

神经网络包中的 Module 结构以及函数如图 4-18 所示。

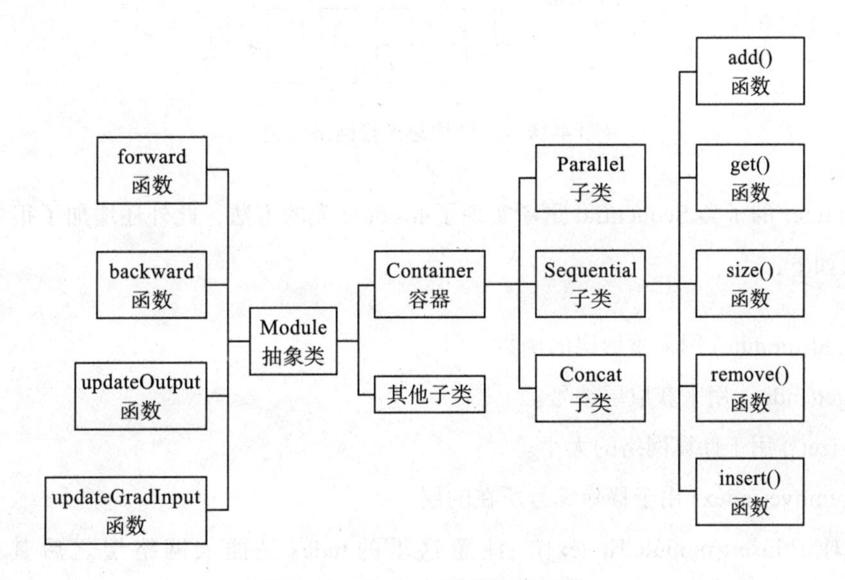

图 4-18　Module 结构以及函数

Module 的子类是 Container，复杂的神经网络可以用它来进行构建，Container 包括三种构建神经网络最重要的子类：Sequential、Parallel 和 Concat，由这三类构成的神经网络就既会包含简单层（即 Linear、Mean、Max 和 Reshape 等），也会包含卷积层还有激活函数 Tanh、ReLU 等。这三种构建神经网络的类（也可以称为容器）如图 4-19 所示。

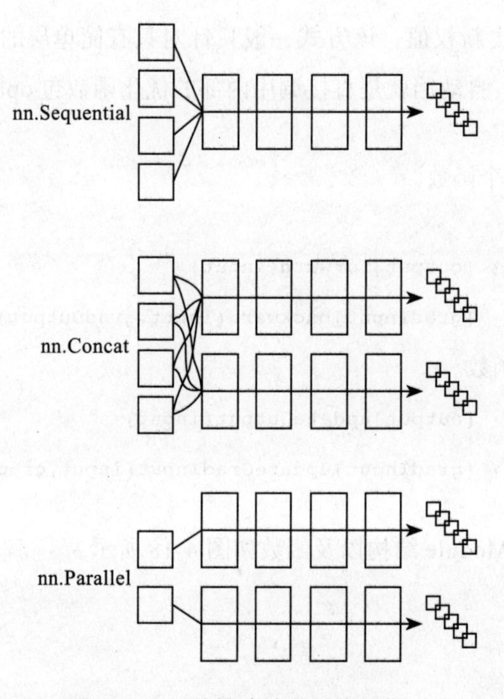

图 4-19　三种构建神经网络的类

Container 的子类 Sequential 重新实现了 Module 类的方法，此外还增加了很多方法。主要函数如下：

1）add(module) 用来添加层的函数。

2）get(index) 用来获取层编号。

3）size( ) 用于计算网络的大小。

4）remove(index) 用于移除编号所在的层。

5）对于 insert(module,[index])，注意这里的 index 是插入网络层之后其排到的 index。

4.3.2　用 Torch 构建神经网络

了解了一些 Torch 的类和包的结构及基本用法之后，下面将使用具体代码讲解 Torch 下神经网络的构建方法。

```
require'nn';                                                    (1)
```

语句（1）中 require 相当于 C 语言的 include，nn 包是神经网络的依赖包，注意在语句最后加上“;”，这个语法与 Matlab 相似，如果不添加分号会打印输出数据。

```
net=nn.Sequential()                                             (2)
```

Torch 允许使用者逐层设计自己的网络，就像是容器一样可以一层一层地把 Layer(神经网络中的层）往里面添加。首先，要构造一个神经网络容器，即用语句（2）的代码声明一个图 4-19 中的第一种神经网络容器，网络名为 net。

```
net:add(nn.SpatialConvolution(3,6,5,5))                         (3)
```

语句（3）是 net 神经网络容器调用 add() 添加方法，向容器里面添加层，nn.SpatialConvolution() 是创建一个卷基层，里面的参数值的含义分别为：3 表示输入图片的通道数；6 表示经过该层的卷积运算输出的通道数；（5，5）这两个参数代表的是用 5×5 的核进行卷积运算。该层就是把 3 通道的图片输入网络，然后利用 5×5 的卷积核进行卷积运算，最后输出 6 通道的图片。对于常见的空间模块（Spatial Modules），主要有 SpatialConvolution（卷积层）、SpatialFullConvolution（反卷积层）、SpatialMaxPooling（最大池化层）、SpatialAvaragePooling（平均池化层）。

```
net:add(nn.ReLU())                                              (4)
```

语句（4）是在卷积层中添加激活函数 ReLU，也可以添加 Sigmoid 函数，其他激活函数还有 SoftMax、SoftMin、SoftPlus、LogSigmoid、LogSoftMax、Tanh、ReLU、PReLU、ELU、LeakyReLU 等。

```
net:add(nn.SpatialMaxPooling(2,2,2,2))                          (5)
```

语句（5）是添加最大池化层，即在 2×2 的区域内找最大的数，横向步长为 2，纵向步长为 2。

```
net:add(nn.Linear(16*5*5,120))                                  (6)
```

语句（6）Linear 是全连接层，在这里让这 $16\times5\times5$（=400）个节点与 120 个节点建立全连接。

```
net:add(nn.Dropout(p))                                              (7)
```

语句（7）就是添加 Dropout 层。简单地说，每一个神经元的输入将会以 p 的概率丢弃。这个方法是一个避免过拟合的正规化方法。

```
net:add(nn.LogSoftMax())                                            (8)
```

语句（8）是 SoftMax 将输出转化成对数概率，用于分类问题。

构建了神经网络，下面将介绍如何训练网络。首先需要一个损失函数，在 Torch 中就是 Criterion 模块。

```
criterion=nn.ClassNLLCriterion()                                    (9)
```

criterion 评价准则，是用来定义损失函数的。损失函数能够形式化地衡量神经网络的好坏。损失函数有很多，常用的有 MSECriterion（均方误差 MSE）、ClassNLLCriterion（交叉熵）。语句（9）的损失函数使用的是交叉熵。

```
trainer=nn.StochasticGradient(net,criterion)                        (10)
```

语句（10）构建的 net 网络使用随机梯度下降法进行训练，其中第二个参数是损失函数。

```
trainer.learningRate=0.001                                          (11)
```

语句（11）用于设置训练过程的学习率。

```
trainer.maxIteration=5                                              (12)
```

语句（12）用于设置训练的批次即 5 次。

```
trainer:train(trainset)                                             (13)
```

语句（13）使用训练集开始训练

```
predicted=net:forward(testset.data[i])                              (14)
```

语句（14）对测试集的第 i 个图像在训练好的网络中作预测。

通过以上讲解，下面总结训练一个神经网络的步骤：第一步加载数据，包括对数据进行预处理；第二步定义网络（设置网络的结构）；第三步定义损失函数；第四步训练（设置训练的参数）；第五步测试（对训练好的网络进行测试）。

4.3.3 Faster R-CNN 介绍

在讲解完 Torch 的神经网络构建之后，接下来就进入 Faster R-CNN 相关知识的介绍。在 Faster R-CNN 出现之前还有三个阶段，分别是 R-CNN（将 CNN 引入目标检测的开山之作）、SPP-net（引入空间金字塔池化以改进 R-CNN），以及 Fast R-CNN。在被 SPP-net 指出各种 R-CNN 的弊端之后，R-CNN 的作者 Ross Girshick 对网络进行了改进，设计出 Fast R-CNN。Fast R-CNN 的训练和测试速度都比 SPP-net 快，并且效果好，在 Fast R-CNN 之后又设计出了 Faster R-CNN。所以下面将先介绍 R-CNN 和 SPP-net，接着介绍 Fast R-CNN，最后介绍本节的重点 Faster R-CNN。

在深度学习快速发展之前，以人工经验特征为主导的物体检测任务的平均精度提升缓慢，随着 ReLu 激活函数、dropout 正则化手段和大规模图像样本集的出现，在 2012 年 ImageNet 大规模视觉识别挑战赛中，Hinton 及他的学生采用 CNN 特征获得了最高的图像识别精确度。在该比赛结束后，引发了关于是否可以采用 CNN 特征来提高当前一直停滞不前的物体检测准确率的讨论。在这之后 R-CNN 应运而生。

R-CNN（Regions with CNN features）出自 Ross Girshick 的论文《Rich Feature Hierarchies for Accurate Object Detection and Semantic Segmentation》，该论文是将 CNN 方法引入目标检测领域的开山之作，该结构大大提高了目标检测效果，改变了目标检测

领域的主要研究思路，紧随其后的系列结构如 SPP-net、Fast R-CNN、Faster R-CNN 代表该领域当时的最高水准。

R-CNN 中的 R 指的是 region（区域），即在训练数据进入卷积神经网络（CNN）之前会生成若干个建议框。R-CNN 的步骤如图 4-20 所示。

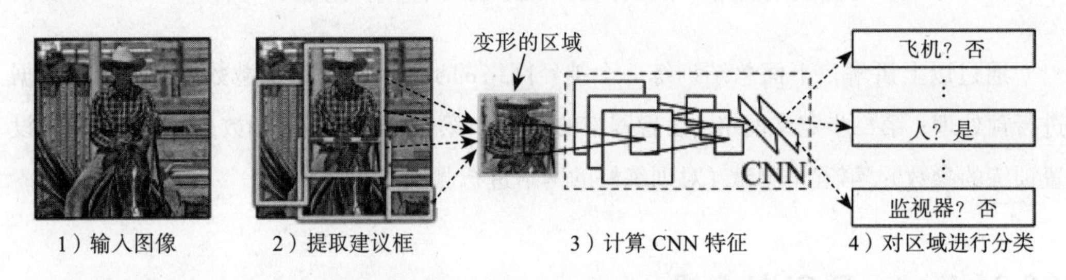

图 4-20　R-CNN 目标检测流程

1）输入多目标图像。

2）采用选择性搜索（selective search）算法在图像中提取约 2000 个建议框。

3）利用已经训练好的 CNN 网络对每一个候选区域得到的特征进行评分。

4）将图中提取的 2000 个区域进行 SVM 分类。

R-CNN 的成功之处在于：经典的目标检测算法使用滑动窗口的方式依次判断所有可能的区域，而 R-CNN 则预先提取一系列较可能是物体的候选区域，之后仅在这些候选区域上提取特征进行判断；经典的目标检测算法在区域中提取人工设定的特征（如 Haar、HOG），而 R-CNN 通过训练深度网络进行特征提取。

但是 R-CNN 也存在很多问题：

1）对一张图片的处理速度慢。这是由于一张图片中由选择性搜索算法得出的约 2000 个建议框都需要经过变形处理后由 CNN 前向网络计算一次特征，而这其中包括对一张图片中多个重复区域的重复计算。

2）训练时间长。由于采用 ROI-centric sampling（即从所有图片的所有建议框中均匀取样）进行训练，每次都需要计算不同图片中不同建议框的 CNN 特征，无法共享同一张图的 CNN 特征，使训练速度很慢。

3）整个测试过程复杂。要先提取建议框，之后提取每个建议框的 CNN 特征，再用 SVM 分类，做非极大值抑制，最后做边框回归才能得到图片中物体的种类以及位置信息。

上文提到 R-CNN 的最大瓶颈是 2000 个候选区域都要经过一次 CNN，速度非常慢。Kaiming He 最先对此问题做出改进，其在论文《Spatial Pyramid Pooling in Deep Convolutional Networks for Visual Recognition》中提出了 SPP-net（Spatial Pyramid Pooling net），最大的改进是只需要将原图输入一次，就可以得到每个候选区域的特征。在 R-CNN 中，候选区域需要经过变形缩放，以此适应 CNN 输入，Kaiming He 提出 Spatial Pyramid Pooling（SPP）结构来适应任何大小的图片输入。图 4-21 是对传统 CNN 和 SPP-net 的比较。

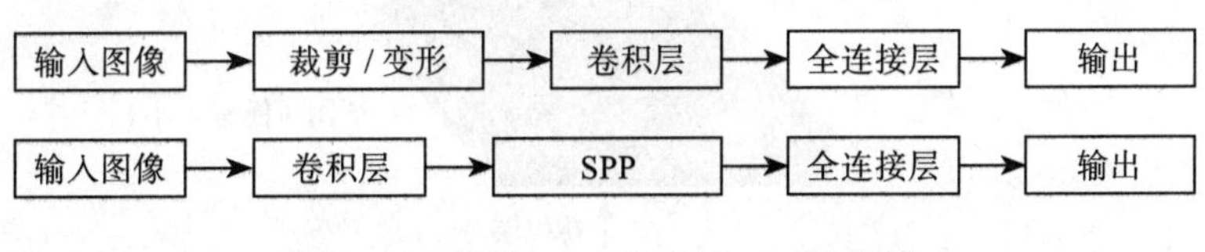

图 4-21　传统 CNN 和 SPP-net 的比较

这里解释一下 CNN 需要固定输入大小的原因。卷积层和池化层的输出尺寸都是与输入尺寸相关的，它们的输入不需要固定图片尺寸，而真正需要固定尺寸的是最后的全连接层。由于全连接层的存在，普通的 CNN 通过固定输入图片的大小来使得全连接层输入固定。SPP-net 就是在卷积层的最后加入 SPP，使后面全连接层得到的输入为固定长度。SPP 层的结构如图 4-22 所示，将紧跟最后一个卷积层的池化层使用 SPP 代替，输出向量作为全连接层的输入。有了这样的改进之后，网络可对任意长宽比的图像进行处理。

SPP-net 对 R-CNN 最大的改进就是对特征提取步骤做出修改，其他模块仍然与 R-CNN 一样。其特征提取不再需要每个候选区域都经过 CNN，只需要将整张图片输入 CNN，ROI（感兴趣区域）特征直接从特征图获取，同时还解决了裁剪、变形过程中造成的图像失真或者剪切不完全的问题。与 R-CNN 相比，SPP-net 速度提高了百倍。

SPP-net 同样有缺点，它同 R-CNN 一样要经过多个训练阶段，特征也要存在磁盘中。另外，SPP-net 中的微调只更新 SPP 层后面的全连接层，对很深的网络并不适合，离预期达到的端到端的检测还有一定的距离。

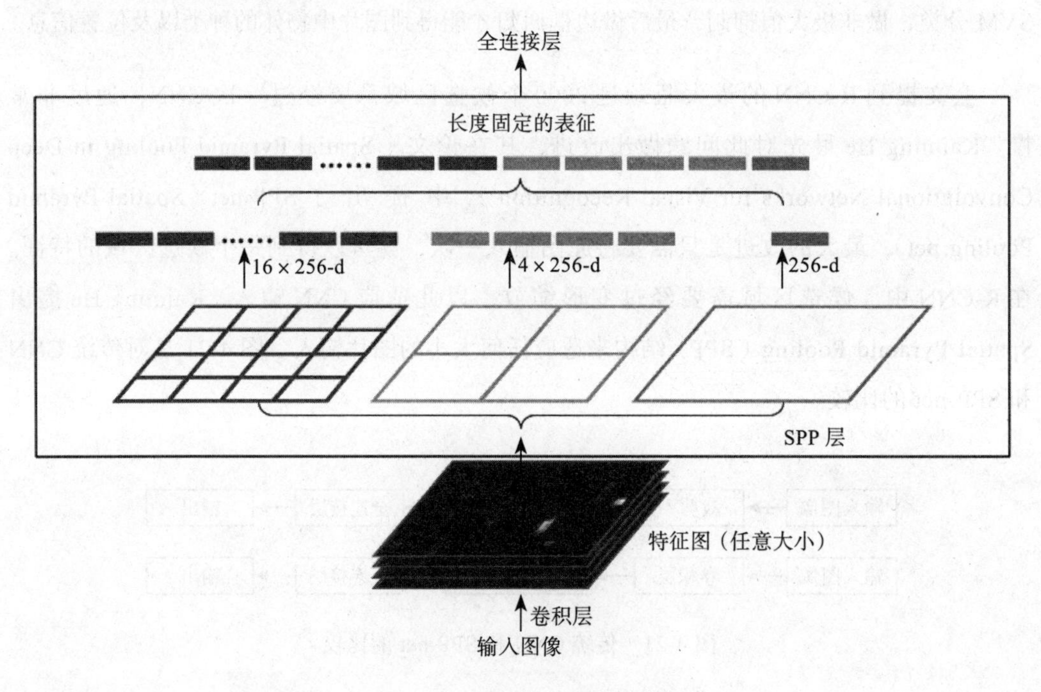

图 4-22　SPP 层的网络结构

针对 R-CNN 和 SPP-net 的缺陷，Ross Girshick 在论文《Fast R-CNN》中提出了 Fast Region-based Convolutional Network method（即 Fast R-CNN）结构，如图 4-23 所示。

在图 4-23 中，首先将输入图像和多个 ROI 输入到全卷积网络中。每个 ROI 被池化成固定大小的特征图，然后通过全连接层映射到特征向量。该网络中每个 ROI 有两个输出向量，分别是 softmax 分类得分和每类边界框回归。

Fast R-CNN 的改进之处在于：R-CNN 训练时间和空间开销大，所以 Fast R-CNN 使用 image-centric 的训练方式和通过卷积的共享特性来降低运算开销；R-CNN 提取特征给 SVM 训练的时候占用大量的磁盘空间以存放特征，Fast R-CNN 去掉了 SVM 这一步，所有的特征都暂存在显存中，这样做的好处是不需要额外的磁盘空间；还有就是测试时间开销大，这点 SPP-net 已经改进，Fast R-CNN 进一步通过单尺度测试和 SVD 分解全连接来提速。

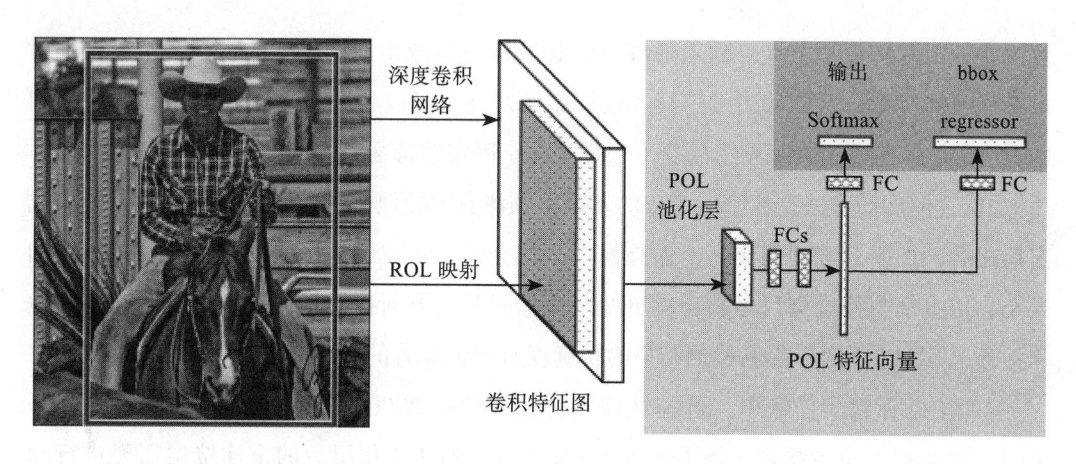

图 4-23 Fast R-CNN 网络结构

Fast R-CNN 的具体流程如下所示：

1）任意大小的图片输入 CNN，经过若干卷积层与池化层，得到特征图。

2）在任意大小的图片上采用选择性搜索算法提取约 2000 个建议框。

3）根据原图中建议框到特征图的映射关系，在特征图中找到每个建议框对应的特征框（深度和特征图一致），并在 ROI 池化层中将每个特征框池化到 $H\times W$ 的大小；

4）固定 $H\times W$ 大小的特征框经过全连接层得到固定大小的特征向量。

5）第 4 步所得特征向量经由各自的全连接层（由 SVD 分解实现），分别得到两个输出向量，分别是 softmax 分类得分和每类边界框回归。

6）利用窗口得分，分别对每一类物体进行非极大值抑制以剔除重叠建议框，最终得到每个类别中回归修正后的得分最高的窗口。

下面具体讲解 Fast R-CNN 中使用的方法。

1）使用选择性搜索算法生成候选窗口，抛弃了滑动窗口范式（传统的如 SIFT、HOG 等方法）。选择性搜索算法先基于各种颜色特征将图像划分为多个小块，然后自底向上地对不同的块进行合并，在这个过程中合并前后的每一个块都对应于一个候选窗口，最后挑出最有可能包含待检测目标的窗口作为候选窗口。

2）Fast R-CNN 的数据输入不存在图片大小的限制，通过 ROI 池化层，它可以在任意大小的图片特征图上针对输入的每一个 ROI 区域提取出固定维度的特征表示，保证对每个区域的后续分类能够正常进行。这样做的好处是可以将原图中的 ROI 定位到特征图中对应的块，将这个特征图中的块下采样为大小固定的特征，方便传入后面的全连接层。

3）边框回归方法是在给定窗口的基础上预测真实检测框的位置和大小，即有了候选窗口之后，如果其被判别成一个人脸窗口，就会进一步被调整以得到更加精确的位置和大小，使边框与待检测目标贴合得更好。边框回归一方面提供了一个新的角度来定义检测任务，另一方面对于提高检测结果的精确度有比较显著的作用。

4）在目标检测任务中，选择性搜索算法提取的 2000 张建议框几乎前向计算的一半时间被花费于全连接层，就 Fast R-CNN 而言，ROI 池化层后的全连接层需要进行约 2000 次计算（每个建议框都要计算），因此在 Fast R-CNN 中采用 SVD 分解以加速全连接层计算，在实现时，相当于把一个全连接层拆分为两个全连接层，第一个全连接层不含偏置，第二个全连接层含偏置。

5）Fast R-CNN 中采用 image-centric sampling，即小批量数据采用层次采样，其先对图像采样，再在采样到的图像中对候选区域采样，同一图像的候选区域卷积共享计算和内存，降低了运算开销。

6）在数据集方面，有一个较大的识别库和一个较小的检测库。Fast R-CNN 使用识别库进行预训练，而后用检测库调优参数，最后在检测库上测评。

在 Fast R-CNN 的基础上 Ross Girshick 等人在论文《Faster R-CNN: Towards Real-Time Object Detection with Region Proposal Networks》中提出了 Faster R-CNN 结构，达到了当时这几个模型中最高的目标检测准确率。

SPP-net 和 Fast R-CNN 目标检测网络需要先用区域建议算法 Selective Search（选择性搜索）推测目标位置，而且它们已经减少了检测网络的运行时间，但是随之而来计算区域建议就成了瓶颈问题。在 Faster R-CNN 中，提出了一种区域建议网络（Region Proposal Network，RPN），它与检测网络共享全图的卷积特征，使区域建议几乎不需要花时间。RPN 是一个全卷积网络，在每个位置同时预测目标边界和目标得分。RPN 是端到端训练的，生成高质量区域建议框，用于 Fast R-CNN 的检测。通过一种简单的交替运行优化方法，RPN 和 Fast R-CNN 可以在训练时共享卷积特征。

Faster R-CNN 统一的网络结构如图 4-24 所示，可以简单看作 RPN 加 Fast R-CNN。

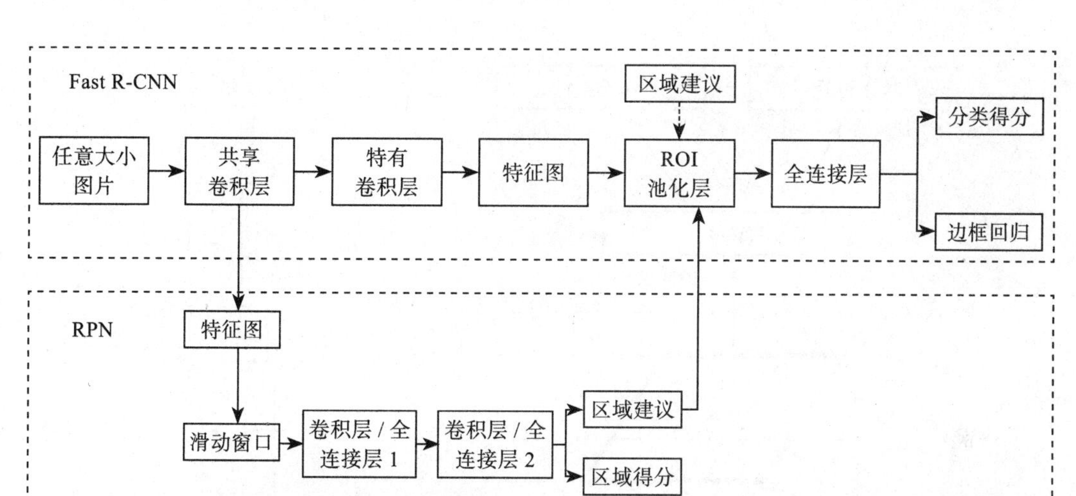

图 4-24　Faster R-CNN 的网络结构

1）首先向 CNN 输入任意大小图片。

2）经过 CNN 前向传播至最后共享的卷积层，一方面得到供 RPN 输入的特征图，另一方面继续前向传播至特有卷积层，产生更高维特征图。

3）供 RPN 输入的特征图经过 RPN 得到区域建议和区域得分，并对区域得分采用非极大值抑制，输出其得分的区域建议给 ROI 池化层。

4）将第 2 步得到的高维特征图和第 3 步输出的区域建议同时输入 ROI 池化层，提取对应区域建议的特征。

5）第 4 步得到的区域建议特征通过全连接层后，输出该区域的分类得分以及回归后的边框回归。

RPN 的网络结构如图 4-25 所示，Anchors 是一组大小固定的参考窗口：三种尺寸 {128 × 128，256 × 256，512 × 512} × 三种长宽比 {1:1，1:2，2:1}，如图 4-26 所示，表示 RPN 中对特征图滑窗时每个滑窗位置所对应的原图区域中 9 种可能的大小，相当于模板，对于任意图像其任意滑窗位置都是这 9 种模板。继而根据图像大小计算滑窗中心点对应原图区域的中心点，通过中心点和大小就可以得到滑窗位置和原图位置的映射关系，再根据原图中生成的锚点框和 Ground Truth 的不同交叠率（IoU）将锚点框中的目标标记为正负样本，让 RPN 学习该 Anchors 是否有物体即可。

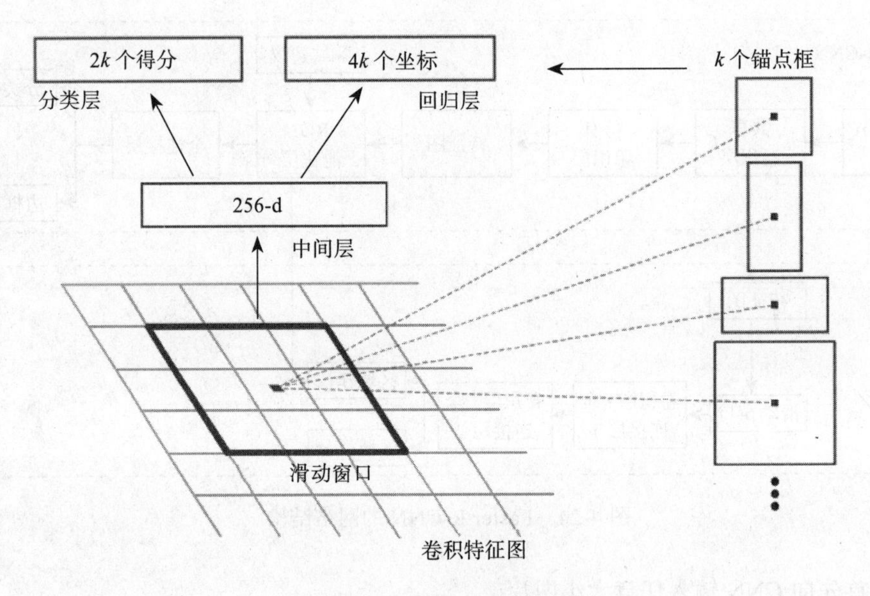

图 4-25　RPN 的网络结构

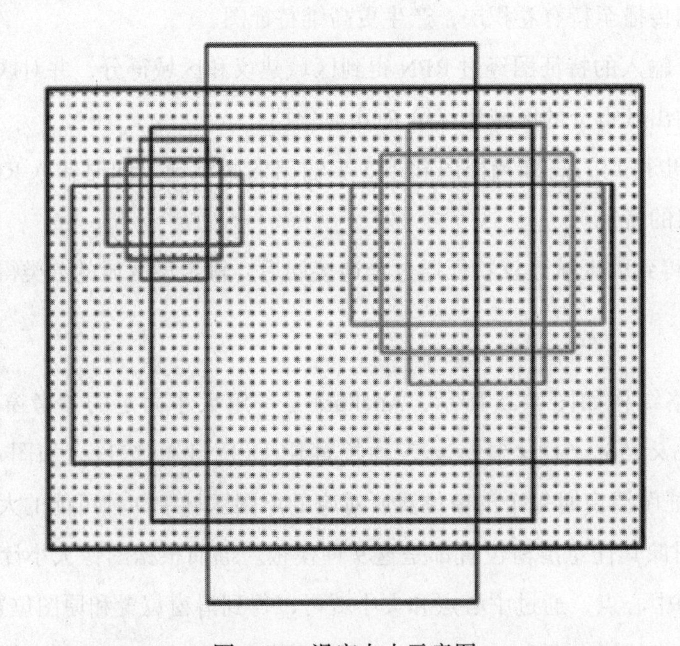

图 4-26　滑窗大小示意图

4.3.4　Faster R-CNN 实例

有了以上 Faster R-CNN 基础知识的介绍，接下来就正式进入 Faster R-CNN 实例指导。该实例的目标就是要通过大规模数据集训练一个目标检测网络，目标检测通俗地讲就是在图像中定位目标，并确定目标的位置及大小。该 Faster R-CNN 程序的主要文件调用关系如图 4-27 所示。下面将以数据集准备、模型准备、候选区域生成、数据集处理、模型训练、模型检测以及主函数的顺序详细讲解代码的实现过程。

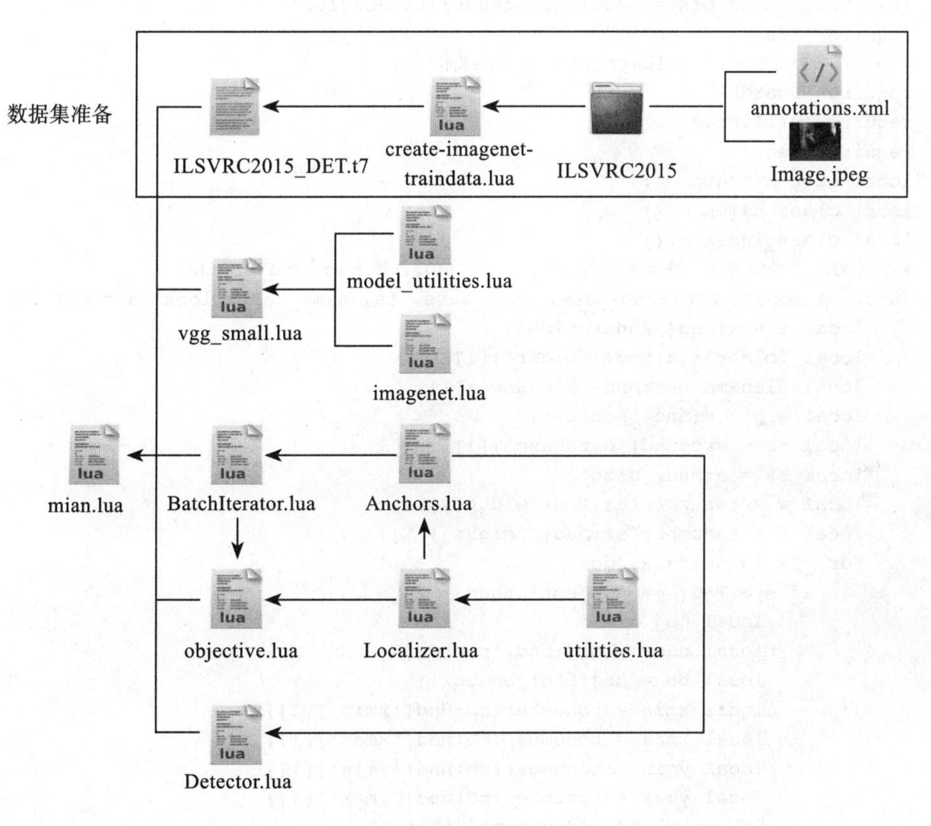

图 4-27　程序文件调用关系

（1）数据集准备

本实例使用的数据集是 ILSVRC2015，该数据集包含三个子文件，实例中将用到 Annotations 和 Data 子文件。Annotations 是注释文件夹，包含训练集和验证集图像中目标位置及类别的xml文件；Data是图像文件夹，包含训练集和验证集的图像，其中训练集文件中还额外包含背景图像文件。在原始数据集的基础上就可以根据ILSVRC2015和create-imagenet-traindata.lua生成程序所需要的数据集t7文件，如图4-27方框所示。create-imagenet-traindata.lua文件的代码如下所示，该文件生成的数据集t7文件中包括训练集、验证集的图像路径以及通过XML生成的图像标签，还包括背景图像的文件夹。

```
screate-imagenet-traindata.lua
# 指定 ILSVRC2015 数据集的基本路径
ILSVRC2015_BASE_DIR = '/data/imagenet/ILSVRC2015/'
require 'lfs'
# 如果没有 LuaXML，使用 luarocks 安装 LuaXML
require 'LuaXML'
require 'utilities'
require 'Rect'
local ground_truth = {}
local class_names = {}
local class_index = {}
# 读取 XML 文件的内容，存储标记的目标区域作为 ROI，作为 ground_truth
function import_file(anno_base, data_base, fn, name_table)local x = xml.load(fn)
    local a = x:find('annotation')
    local folder = a:find('folder')[1]
    local filename = a:find('filename')[1]
    local src = a:find('source')
    local db = src:find('database')[1]
    local sz = a:find('size')
    local w = tonumber(sz:find('width')[1])
    local h = tonumber(sz:find('height')[1])
    for _,e in pairs(a) do
        if e[e.TAG] == 'object' then
            local obj = e
            local name = obj:find('name')[1]
            local bb = obj:find('bndbox')
            local xmin = tonumber(bb:find('xmin')[1])
            local xmax = tonumber(bb:find('xmax')[1])
            local ymin = tonumber(bb:find('ymin')[1])
            local ymax = tonumber(bb:find('ymax')[1])
            if not class_index[name] then
                class_names[#class_names + 1] = name
                class_index[name] = #class_names
            end
        # 生成相对于注解目录的路径，并与数据目录连接
        local image_path = path.join(data_base, path.relpath(fn, anno_base))
        # 替换以 "JPEG" 结尾的 xml 文件
        image_path = string.sub(image_path, 1, #image_path - 3) .. 'JPEG'
```

```
            table.insert(name_table, image_path)
            local ROI = {rect = Rect.new(xmin, ymin, xmax, ymax),
                        class_index = class_index[name],
                        class_name = name}
            local file_entry = ground_truth[image_path]
            if not file_entry then
                file_entry = { image_file_name = image_path, ROIs = {} }
                ground_truth[image_path] = file_entry
            end
            table.insert(file_entry.ROIs, ROI)
            end
        end
    end
    # 加载路径的操作
    function import_directory(anno_base, data_base, directory_path, recursive,
name_table)
        for fn in lfs.dir(directory_path) do
            local full_fn = path.join(directory_path, fn)
            local mode = lfs.attributes(full_fn, 'mode')
            if recursive and mode == 'directory' and fn ~= '.' and fn ~= '..' then
                import_directory(anno_base, data_base, full_fn, true, name_table)
                collectgarbage()
            elseif mode == 'file' and string.sub(fn, -4):lower() == '.xml' then
                import_file(anno_base, data_base, full_fn, name_table)
            end
            if #ground_truth > 10 then
                return
            end
        end
        return 1
    end
    # 通过训练和验证目录递归搜索并导入所有 xml 文件
    function create_ground_truth_file(dataset_name, base_dir, train_annotation_dir,
                                      val_annotation_dir, train_data_dir,
                                      val_data_dir, background_dirs, output_fn)
        function expand(p)
            return path.join(base_dir, p)
        end
        local training_set = {}
        local validation_set = {}
        import_directory(expand(train_annotation_dir),
                         expand(train_data_dir),
                         expand(train_annotation_dir),
                         true,
                         training_set)
        import_directory(expand(val_annotation_dir),
                         expand(val_data_dir),
                         expand(val_annotation_dir),
```

```
                true,
                validation_set)
    local file_names = keys(ground_truth)
    #编译背景图像列表
    local background_files = {}
    for i,directory_path in ipairs(background_dirs) do
        directory_path = expand(directory_path)
        for fn in lfs.dir(directory_path) do
            local full_fn = path.join(directory_path, fn)
            local mode = lfs.attributes(full_fn, 'mode')
            if mode == 'file' and string.sub(fn, -5):lower() == '.jpeg' then
                table.insert(background_files, full_fn)
            end
        end
    end
    #打印数据信息
    print(string.format('Total images: %d; classes: %d;train_set: %d;
                validation_set: %d;(Background: %d)',
                #file_names, #class_names, #training_set,
                #validation_set, #background_files))
    save_obj(output_fn,{dataset_name = dataset_name,
                    ground_truth = ground_truth,
                    training_set = training_set,
                    validation_set = validation_set,
                    class_names = class_names,
                    class_index = class_index,
                    background_files = background_files})
    print('Done.')
end
#背景图像文件夹
background_folders = {}
for i=0,10 do
    table.insert(background_folders, 'Data/DET/train/ILSVRC2013_train_extra' .. i)
end
#调用文件创建ground_truth文件并保存为t.7
create_ground_truth_file('ILSVRC2015_DET',
                ILSVRC2015_BASE_DIR,
                'Annotations/DET/train',
                'Annotations/DET/val',
                'Data/DET/train',
                'Data/DET/val',
                background_folders,
                'ILSVRC2015_DET.t7')
```

在终端运行该文件之后，会打印出如图 4-28 所示的数据集图像个数及类别信息。

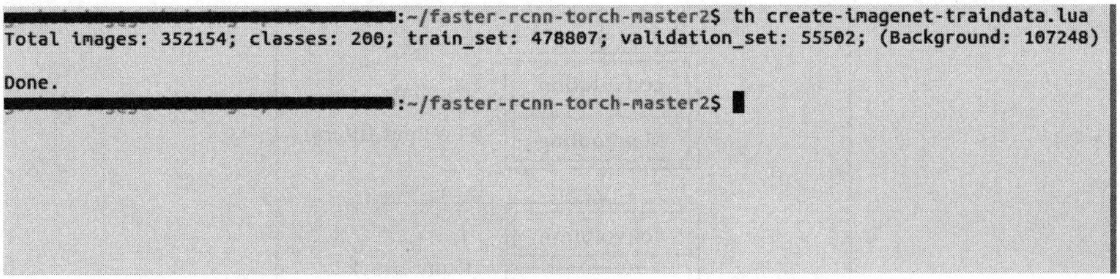

```
:~/faster-rcnn-torch-master2$ th create-imagenet-traindata.lua
Total images: 352154; classes: 200; train_set: 478807; validation_set: 55502; (Background: 107248)

Done.
:~/faster-rcnn-torch-master2$
```

图 4-28 执行创建数据集文件终端输出结果

（2）模型准备

该目标检测网络的结构如图 4-29 所示，目标检测网络分为两个子网络，分别是建议网络和分类网络，其中建议网络又分为 vgg_small 网络和锚点网络，分类网络又分为回归分支和分类分支。

vgg_small 网络由 VGG-16 修改而来，卷积层的个数和卷积块的个数与 VGG16 有所不同，同时卷积核的某些个数也不一样；锚点网络由四层网络组成，每层网络又包含两个卷积层；分类网络就是在建议网络的基础上对边框进行回归以及对检测的目标进行分类。

模型的建立由 imagenet.lua、model_utilities.lua 以及 vgg_small.lua 三个文件完成。下面具体介绍这三个文件。

imagenet.lua 文件是数据集的配置文件，包含各种数据集的基本信息，这种把配置信息单独存放在一个文件的好处是对于大型程序来说，修改这些参数十分方便，不需要在具体程序中找到相应的值来修改。

```
    imagenet.lua
    local imgnet_cfg = {
        class_count = 200,# 类别数量（不包括背景类）
        target_smaller_side = 480, # 输入图像最小的边
        scales = { 48, 96, 192, 384 }, # 尺度
        max_pixel_size = 1000,  # 最大像素的大小
        # 归一化（方法、宽度、均值、标准差）
         normalization = { method = 'contrastive', width = 7, centering = true,
scaling = true },
        # 数据增广（垂直翻转、水平翻转、随机尺度变换）
```

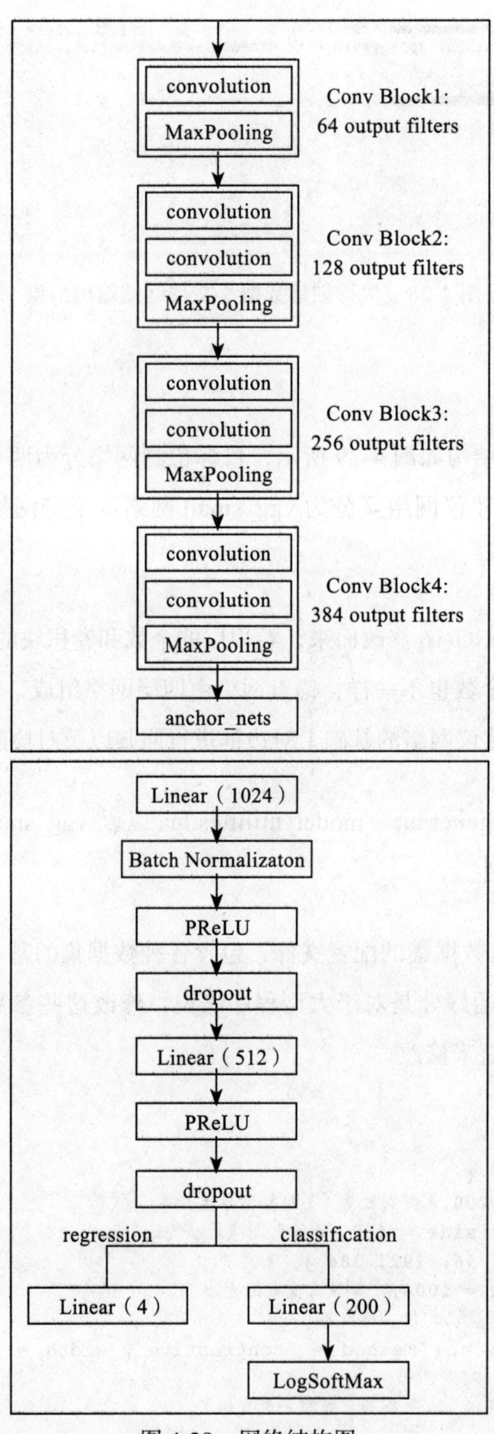
convolution
MaxPooling
Conv Block1:
64 output filters
convolution
convolution
MaxPooling
Conv Block2:
128 output filters
convolution
convolution
MaxPooling
Conv Block3:
256 output filters
convolution
convolution
MaxPooling
Conv Block4:
384 output filters
anchor_nets
Linear（1024）
Batch Normalizaton
PReLU
dropout
Linear（512）
PReLU
dropout
regression
classification
Linear（4）
Linear（200）
LogSoftMax

图 4-29　网络结构图

```
    augmentation = { vflip = 0, hflip = 0.25, random_scaling = 0, aspect_jitter = 0 },
    color_space = 'yuv', # 颜色空间
    ROI_pooling = { kw = 6, kh = 6 }, #ROI 池化的大小
    examples_base_path = '',
    background_base_path = '',
    batch_size = 300,# 小批量数据的大小
    positive_threshold = 0.6, # 正样本阈值
    negative_threshold = 0.25, # 负样本阈值
    best_match = true,
    nearby_aversion = true }
return imgnet_cfg
```

vgg_small.lua 文件是该目标检测网络的配置文件，文件中只存放了建议网络和分类网络的关键参数。model_utilities.lua 通过调用这些参数就可以建立网络模型。这样分开两个文件的好处是在配置文件中修改网络的参数就可以改变网络的结构。

```
vgg_small.lua
require 'models.model_utilities'
#vgg_small 模型
function vgg_small(cfg)
# 这里的层是指一批或多批卷积层，其后是最大池化层
# 卷积层 layers 里的参数分别是卷积核个数、卷积核的宽和高、填充 0 的个数、dropout、卷积的步幅
    local layers = {
        { filters= 64, kW=3, kH=3, padW=1, padH=1, dropout=0.0, conv_steps=1 },
        { filters=128, kW=3, kH=3, padW=1, padH=1, dropout=0.4, conv_steps=2 },
        { filters=256, kW=3, kH=3, padW=1, padH=1, dropout=0.4, conv_steps=2 },
        { filters=384, kW=3, kH=3, padW=1, padH=1, dropout=0.4, conv_steps=2 }
    }
    # 锚点网络
    local anchor_nets = {
        { kW=3, n=256, input=3 }, #input 是指上面定义的 " 层 "
        { kW=3, n=256, input=4 }, #kW 为卷积核的宽（宽和高相等）
        { kW=5, n=256, input=4 },
        { kW=7, n=256, input=4 }}
    # 分类层
    local class_layers =  {
        { n=1024, dropout=0.5, batch_norm=true },
        { n=512, dropout=0.5 },
    }
return create_model(cfg, layers, anchor_nets, class_layers)
end
return vgg_small
```

model_utilities.lua 文件是真正的创建网络模型的文件。通过调用 vgg_small.lua 分别

创建了建议网络和分类网络，至此完成网络模型的建立。

```
model_utilities.lua
require 'nngraph'
#创建建议网络
function create_proposal_net(layers, anchor_nets)
   #首先定义积木块函数，VGG的3×3卷积块
   #卷积加PReLU函数
   local function ConvPReLU(container,nInputPlane,nOutputPlane,
                                        kW, kH, padW, padH, dropout)
         #添加卷积层，参数分别代表输入/输出通道数、卷积核尺寸、步长、补边
         container:add(nn.SpatialConvolution(nInputPlane, nOutputPlane,
                                        kW,kH, 1,1, padW,padH))
         container:add(nn.PReLU()) #添加PReLU
         if dropout and dropout > 0 then
                container:add(nn.SpatialDropout(dropout)) #添加dropout
         end
         return container
   end
   #多个卷积层之后是max-pooling层
   #卷积池化块函数
   local function ConvPoolBlock(container, nInputPlane, nOutputPlane,
                             kW, kH, padW, padH, dropout, conv_steps)
         #块中卷积层的个数
         for i=1,conv_steps do
            ConvPReLU(container, nInputPlane, nOutputPlane,
                                        kW, kH, padW, padH, dropout)
            nInputPlane = nOutputPlane
            #每个conv-pool块只有一个dropout层
            dropout = nil
         end
         #添加最大池化层(参数：池化的大小和步长)
         container:add(nn.SpatialMaxPooling(2, 2, 2, 2):ceil())
         return container
   end
   #创建一个锚点网络，将输入首先减少到256个维度，然后进一步使锚的输出长宽比为3
   local function AnchorNetwork(nInputPlane, n, kernelWidth)
         #声明一个序列网络
         local net = nn.Sequential()
         #添加卷积层(输入/输出通道数，卷积核尺寸，步长)
         net:add(nn.SpatialConvolution(nInputPlane, n,
                kernelWidth,kernelWidth, 1,1))
         net:add(nn.PReLU())
         net:add(nn.SpatialConvolution(n, 3 * (2 + 4), 1, 1))
   end
   local input = nn.Identity()()
   local conv_outputs = {}
```

```
    local inputs = 3
    local prev = input
    # 循环建立 vgg_small 网络
    for i,l in ipairs(layers) do
        # 声明一个序列网络
        local net = nn.Sequential()
        # 调用 ConvPoolBlock 函数，其中参数来自 vgg_small.lua
        ConvPoolBlock(net, inputs, l.filters, l.kW, l.kH, l.padW, l.padH,
                l.dropout, l.conv_steps)
        inputs = l.filters
        prev = net(prev)
        table.insert(conv_outputs, prev)# 存储卷积网络的输出
    end
    # 存储建议网络的输出
    local proposal_outputs = {}
    for i,a in ipairs(anchor_nets) do
            table.insert(proposal_outputs,
            AnchorNetwork(layers[a.input].filters, a.n, a.kW)(conv_outputs[a.
            input]))
    end
    table.insert(proposal_outputs, conv_outputs[#conv_outputs])
    # 创建建议网络模型，在最后一个卷积层输出后接一个锚点网络输出
    local model = nn.gModule({ input }, proposal_outputs)
    local function init(module, name)
        local function init_module(m)
                for k,v in pairs(m:findModules(name)) do
                    local n = v.kW * v.kH * v.nOutputPlane
                    v.weight:normal(0, math.sqrt(2 / n))
                    v.bias:zero()
                end
        end
        module:apply(init_module)
    end
    init(model, 'nn.SpatialConvolution')
    return model
end
# 创建分类网络
function create_classification_net(inputs, class_count, class_layers)
        local net = nn.Sequential()# 声明一个序列网络
        # 循环建立分类网络
        local prev_input_count = inputs
        for i,l in ipairs(class_layers) do
            net:add(nn.Linear(prev_input_count, l.n))# 增加全连接层
            if l.batch_norm then
                net:add(nn.BatchNormalization(l.n)) # 增加 BatchNormalization 层
            end
            net:add(nn.PReLU())
            if l.dropout and l.dropout > 0 then
```

```
                net:add(nn.Dropout(l.dropout))
            end
            prev_input_count = l.n
        end
        local input = nn.Identity()()
        local node = net(input)
        #以下网络分为回归和分类分支
        #回归输出
        local rout = nn.Linear(prev_input_count, 4)(node)
        #分类输出
        local cnet = nn.Sequential()
        cnet:add(nn.Linear(prev_input_count, class_count))
        cnet:add(nn.LogSoftMax()) #添加 LogSoftMax 分类层
        local cout = cnet(node)
        #创建检测框微调+分类输出
        local model = nn.gModule({ input }, { rout, cout })
        local function init(module, name)
            local function init_module(m)
                for k,v in pairs(m:findModules(name)) do
                    local n = v.kW * v.kH * v.nOutputPlane
                    v.weight:normal(0, math.sqrt(2 / n))
                    v.bias:zero()
                end
            end
            module:apply(init_module)
        end
        init(model, 'nn.SpatialConvolution')
        return model
    end
    #创建整个网络模型
    function create_model(cfg, layers, anchor_nets, class_layers)
        #分类网络输入值
          local cnet_ninputs = cfg.ROI_pooling.kh * cfg.ROI_pooling.kw *
layers[#layers].filters
        local model = {cfg = cfg,
            layers = layers,
            pnet = create_proposal_net(layers, anchor_nets),
            cnet = create_classification_net(cnet_ninputs, cfg.class_count + 1,
class_layers)}
        return model
    end
```

（3）候选区域生成

Anchors.lua 是候选区域生成文件，该文件定义了锚点类，通过创建锚点矩形、寻找临近值、寻找矩形 X 和 Y 范围、寻找最佳目标一系列函数实现候选区域的选取。

```
Anchors.lua
require 'Localizer'
# 定义类 Anchors
local Anchors = torch.class('Anchors')
local BIN_SIZE = 16# 将中心点映射到附近的锚点的粒度
# 初始化 Anchors
function Anchors:__init(proposal_net, scales)
    # 创建 localizers
    self.localizers = {}
    for i=1,#scales do
        self.localizers[i] = Localizer.new(proposal_net.outnode.children[i])
    end
    # 生成垂直和水平最小 - 最大锚点查找表
    local width, height = 200, 200  # 特征层最大的大小
    # indices: scale, aspect-ratio, i, min/max
    self.w = torch.Tensor(#scales, 3, width, 2)
    self.h = torch.Tensor(#scales, 3, height, 2)
    # 创建简单图以使得能够找到附近的锚点（例如，启用反例训练）
    self.cx = {}
    self.cy = {}
    local function add(map, i, j, v, x)
            local key = math.floor(x / BIN_SIZE)
            if not map[key] then
                map[key] = {}
            end
            table.insert(map[key], { i, j, v })
    end

    for i,s in ipairs(scales) do
        # 宽度、高度为 s^2 像素，宽高比为 1: 1、2: 1、1: 2 的矩形框
        local a = s / math.sqrt(2)
        local aspects = { { s, s }, { 2*a, a }, { a, 2*a } }
        for j,b in ipairs(aspects) do
            local l = self.localizers[i]
            for y=1,height do
                local r = l:featureToInputRect(0, y-1, 0, y)
                local centerX, centerY = r:center()
                r = Rect.fromCenterWidthHeight(centerX, centerY, b[1], b[2])
                self.h[{i, j, y, 1}] = r.minY
                self.h[{i, j, y, 2}] = r.maxY
                add(self.cy, i, j, y, centerY)
            end

            for x=1,width do
                local r = l:featureToInputRect(x-1, 0, x, 0)
                local centerX, centerY = r:center()
                r = Rect.fromCenterWidthHeight(centerX, centerY, b[1], b[2])
```

```
                self.w[{i, j, x, 1}] = r.minX
                self.w[{i, j, x, 2}] = r.maxX
                add(self.cx, i, j, x, centerX)
            end
        end
    end
end
#获取锚点矩形
function Anchors:get(layer, aspect, y, x)
    local w, h = self.w, self.h
    local anchor_rect = Rect.new(w[{layer, aspect, x, 1}],
                                 h[{layer, aspect, y, 1}],
                                 w[{layer, aspect, x, 2}],
                                 h[{layer, aspect, y, 2}])
    anchor_rect.layer = layer
    anchor_rect.aspect = aspect
    anchor_rect.index = { { aspect * 6 - 5, aspect * 6 }, y, x }
    return anchor_rect
end
#寻找临近值
function Anchors:findNearby(centerX, centerY)
    local found = {}
    local xl, yl = self.cx[math.floor(centerX / BIN_SIZE)],
                                        self.cy[math.floor(centerY / BIN_SIZE)]
    if xl and yl then
        for i=1,#yl do
            local y = yl[i]
            for j=1,#xl do
                local x = xl[j]
                if y[1] == x[1] and y[2] == x[2] then
                    table.insert(found, self:get(y[1], y[2], y[3], x[3]))
                end
            end
        end
    end
    return found
end
#寻找矩形XY范围
function Anchors:findRangesXY(rect, clip_rect)
    local function lower_bound(t, value)
        local low, high = 1, t:nElement()
        while low <= high do
            local mid = math.floor((low + high) / 2)
            if t[mid] >= value then high = mid - 1
            elseif t[mid] < value then low = mid + 1 end
        end
        return low
```

```
end
local function upper_bound(t, value)
    local low, high = 1, t:nElement()
    while low <= high do
        local mid = math.floor((low + high) / 2)
        if t[mid] > value then high = mid - 1
        elseif t[mid] <= value then low = mid + 1 end
    end
    return low
end
local ranges = {}
local w,h = self.w, self.h
for i=1,4 do    # 尺度
    for j=1,3 do    # 长宽比
        local clx, cly, cux, cuy # 剪切矩形的下限和上限（指数）
        if clip_rect then
        #锚的所有顶点必须位于裁剪矩形中（例如输入图像矩形）
            # x 开始 : a.minX >= r.minX
            clx = lower_bound(w[{i, j, {}, 1}], clip_rect.minX)
            # y 开始 : a.minY >= r.minY
            cly = lower_bound(h[{i, j, {}, 1}], clip_rect.minY)
            # x 结束 :a.maxX > r.maxX
            cux = upper_bound(w[{i, j, {}, 2}], clip_rect.maxX)
            # y 结束 :a.maxY > r.maxY
            cuy = upper_bound(h[{i, j, {}, 2}], clip_rect.maxY)
        end
        local l = { layer = i, aspect = j }
        # 至少有一个顶点必须位于rect中
        # x 开始 : a.maxX > r.minX
        l.lx = upper_bound(w[{i, j, {}, 2}], rect.minX)
        # y 开始 : a.maxY > r.minY
        l.ly = upper_bound(h[{i, j, {}, 2}], rect.minY)
        # x 结束 :  a.minX >= r.maxX
        l.ux = lower_bound(w[{i, j, {}, 1}], rect.maxX)
        # y 结束 :   a.minY >= r.maxY
        l.uy = lower_bound(h[{i, j, {}, 1}], rect.maxY)
        if clip_rect then
            l.lx = math.max(l.lx, clx)
            l.ly = math.max(l.ly, cly)
            l.ux = math.min(l.ux, cux)
            l.uy = math.min(l.uy, cuy)
        end
        if l.ux > l.lx and l.uy > l.ly then
            l.xs = w[{i, j, {l.lx, l.ux-1}, {}}]
            l.ys = h[{i, j, {l.ly, l.uy-1}, {}}]
            ranges[#ranges+1] = l
        end
```

```
        end
      end
      return ranges
    end
    # 寻找最佳目标
    function Anchors:findPositive(ROI_list, clip_rect, pos_threshold, neg_threshold,
include_best)
        local matches = {}
        local best_set, best_iou
        for i,ROI in ipairs(ROI_list) do
            if include_best then
                best_set = {}    # 如果找到正条目，最好设置为 nil
                best_iou = -1
            end
            # 评估所有重叠锚点的 IoU（模型产生的目标窗口和原来标记窗口的交叠率）
            local ranges = self:findRangesXY(ROI.rect, clip_rect)
            for j,r in ipairs(ranges) do
                # 从 xs，ys 范围列表生成所有候选锚点
                for y=1,r.ys:size()[1] do
                    local minY, maxY = r.ys[{y, 1}], r.ys[{y, 2}]
                    for x=1,r.xs:size()[1] do
                         # 创建 rect, add layer & aspect info
                        local anchor_rect = Rect.new(r.xs[{x, 1}], minY,
                                                    r.xs[{x, 2}], maxY)
                        anchor_rect.layer = r.layer
                        anchor_rect.aspect = r.aspect
                       anchor_rect.index = { { r.aspect * 6 - 5, r.aspect * 6 },
                                         r.ly + y - 1, r.lx + x - 1 }
                        local v = Rect.IoU(ROI.rect, anchor_rect)
                        if v > pos_threshold then
                            table.insert(matches, { anchor_rect, ROI })
                            best_set = nil
                        elseif v > neg_threshold and best_set and v >= best_iou then
                            if v - 0.025 > best_iou then
                                best_set = {}
                            end
                            table.insert(best_set, anchor_rect)
                            best_iou = v
                        end
                    end
                end
            end
            if best_set and best_iou > 0 then
                for i,v in ipairs(best_set) do
                    table.insert(matches, { v, ROI })
                end
            end
```

```
        end
        return matches
end
# 负样本
function Anchors:sampleNegative(image_rect, ROI_list, neg_threshold, count)
        # 获取图像内所有锚点的范围
        local ranges = self:findRangesXY(image_rect, image_rect)
        # 使用随机抽样
        local neg = {}
        local retry = 0
        while #neg < count and retry < 500 do
            # 选择随机锚点
            local r = ranges[torch.random() % #ranges + 1]
            local x = torch.random() % r.xs:size()[1] + 1
            local y = torch.random() % r.ys:size()[1] + 1
            local anchor_rect = Rect.new(r.xs[{x, 1}], r.ys[{y, 1}], r.xs[{x, 2}],
                              r.ys[{y, 2}])
            anchor_rect.layer = r.layer
            anchor_rect.aspect = r.aspect
            anchor_rect.index = { { r.aspect * 6 - 5, r.aspect * 6 }, r.ly + y - 1,
                              r.lx + x - 1 }
            # 测试所有的 ROI
            local match = false
            for j,ROI in ipairs(ROI_list) do
                if Rect.IoU(ROI.rect, anchor_rect) > neg_threshold then
                    match = true
                    break
                end
            end
            if not match then
                retry = 0
                table.insert(neg, { anchor_rect })
            else
                retry = retry + 1
            end
        end
        return neg
end
# 输入转为锚点
function Anchors.inputToAnchor(anchor, rect)
        local x = (rect.minX - anchor.minX) / anchor:width()
        local y = (rect.minY - anchor.minY) / anchor:height()
        local w = math.log(rect:width() / anchor:width())
        local h = math.log(rect:height() / anchor:height())
        return torch.FloatTensor({x, y, w, h})
end
# 锚点转为输入
```

```
function Anchors.anchorToInput(anchor, t)
        return Rect.fromXYWidthHeight(t[1] * anchor:width() + anchor.minX,
                                      t[2] * anchor:height() + anchor.minY,
                                      math.exp(t[3]) * anchor:width(),
                                      math.exp(t[4]) * anchor:height() )
end
```

（4）数据集处理

BatchIterator.lua 文档直接对 ILSVRC2015_DET.t7 数据集进行重新排列并做基本的图像处理。其根据配置文件中的参数对图像进行尺寸优化、分配尺度、裁剪图像、水平反转、竖直反转操作，并利用批次迭代器输出训练过程中的调试信息。

```
BatchIterator.lua
# 该文档直接对训练集进行打乱并做基本的图像处理
require 'image'
require 'utilities'
require 'Anchors'
# 自定义 BatchIterator 类
local BatchIterator = torch.class('BatchIterator')
# 随机打乱数据较集中的数据的顺序，增加随机性
local function randomize_order(...)
        local sets = { ... }
        for i,x in ipairs(sets) do
            if x.list and #x.list > 0 then
                x.order:randperm(#x.list)    # 打乱顺序
            end
            x.i = 1   # 复位索引位置
        end
end
# 调用 randomize_order 打乱数据，然后顺序输出训练集中的所有数据
local function next_entry(set)
        if set.i > #set.list then
            randomize_order(set)
        end
        local fn = set.list[set.order[set.i]]
        set.i = set.i + 1
        return fn
end
# 转换图像和 ROI，并存储 ROI 至数组中
local function transform_example(img, ROIs, fimg, fROI)
        local result = {}
        local d = img:size()
        assert(d:size() == 3)
        img = fimg(img, d[3], d[2])    # 转换图像
```

```
        local dn = img:size()
        local img_rect = Rect.new(0, 0, dn[3], dn[2])
        if ROIs then
            for i=1,#ROIs do
                local ROI = ROIs[i]
                ROI.rect = fROI(ROI.rect, d[3], d[2])    # 转换ROI
                if ROI.rect then
                    ROI.rect = ROI.rect:clip(img_rect)
                    if not ROI.rect:isEmpty() then
                        result[#result+1] = ROI
                    end
                end
            end
        end
        return img, result
end
# 将原始图像和ROI放大或缩小指定倍数并保存
local function scale(img, ROIs, scaleX, scaleY)
        scaleY = scaleY or scaleX
        return transform_example(img, ROIs,
                    function(img, w, h) return image.scale(img, math.max(1, w *
                    scaleX),math.max(1, h * scaleY)) end,
                    function(r, w, h) return r:scale(scaleX, scaleY) end)
end
# 图像和ROI水平翻转
local function hflip(img, ROIs)
    return transform_example(img, ROIs,
            function(img, w, h) return image.hflip(img) end,
            function(r, w, h) return Rect.new(w - r.maxX, r.minY, w - r.minX,
                r.maxY) end )
end
# 图像和ROI垂直翻转
local function vflip(img, ROIs)
    return transform_example(img, ROIs,
            function(img, w, h) return image.vflip(img) end,
            function(r, w, h) return Rect.new(r.minX, h - r.maxY, r.maxX, h -
                r.minY) end)
end
# 将原始图像按照指定大小进行裁剪，并在裁剪后的图像上获取ROI区域
local function crop(img, ROIs, rect)
    return transform_example(img, ROIs,
            function(img, w, h)
                return image.crop(img, rect.minX, rect.minY, rect.maxX, rect.
                maxY) end,
            function(r, w, h) return r:clip(rect):offset(-rect.minX, -rect.
            minY) end )
end
```

```
#迭代器初始化
function BatchIterator:__init(model, training_data)
#输入参数是模型以及训练集(仅仅标签数据)
#使用nn中方法设置归一化图像尺度
#使用Anchors获取选框以及生成多个并行子网路
#构建训练集、验证集、背景集数据列表
    local cfg = model.cfg
    #边界框数据(以原始图像的像素定义)
    self.ground_truth = training_data.ground_truth
    self.cfg = cfg
    if cfg.normalization.method == 'contrastive' then
        #用SpatialContrastiveNormalization函数加载一维高斯模板对Y通道滤波
        self.normalization = nn.SpatialContrastiveNormalization(1,
                            image.gaussian1D(cfg.normalization.width))
    else
        self.normalization = nn.Identity()
    end
    #pnet建议网络,载入候选区域
    self.anchors = Anchors.new(model.pnet, cfg.scales)
    #指标张量定义评估顺序
    self.training = { order = torch.IntTensor(), list = training_data.
                training_set }
    self.validation = { order = torch.IntTensor(), list = training_data.
                validation_set }
    self.background = { order = torch.IntTensor(), list = training_data.
                background_files or {} }
    #打乱顺序
    randomize_order(self.training, self.validation, self.background)
end
#开始处理图像
function BatchIterator:processImage(img, ROIs)
#根据cfg中的参数对图像进行尺寸优化、分配尺度、裁剪图像、水平反转、竖直反转操作
#将原图像以及ROI区域全部进行操作
    local cfg = self.cfg
#数据增广
    local aug = cfg.augmentation
    # 确定最佳调整大小
    local img_size = img:size()
    local tw, th = find_target_size(img_size[3], img_size[2], cfg.target_
            smaller_side, cfg.max_pixel_size)
    local scale_X, scale_Y = tw / img_size[3], th / img_size[2]
    # 随机缩放
    if aug.random_scaling and aug.random_scaling > 0 then
        scale_X = tw * (math.random() - 0.5) * aug.random_scaling / img_size[3]
        scale_Y = scale_X + (math.random() - 0.5) * aug.aspect_jitter
    end
    img, ROIs = scale(img, ROIs, scale_X, scale_Y)
    # 如果上采样至少一个维度,则将图像裁剪为最终尺寸
    img_size = img:size()
```

```
        if img_size[3] > tw or img_size[2] > th then
            tw, th = math.min(tw, img_size[3]), math.min(th, img_size[2])
            local crop_rect = Rect.fromXYWidthHeight(
                                        math.floor(math.random() * (img_size[3]-tw)),
                                        math.floor(math.random() * (img_size[2]-th)),
                                        tw,
                                        th)
            img, ROIs = crop(img, ROIs, crop_rect)
        end
        # 水平翻转操作
        if aug.hflip and aug.hflip > 0 then
            if math.random() < aug.hflip then
                img, ROIs = hflip(img, ROIs)
            end
        end
        # 垂直翻转操作
        if aug.vflip and aug.vflip > 0 then
            if math.random() < aug.vflip then
                img, ROIs = vflip(img, ROIs)
            end
        end
        # 均值归一化
        if cfg.normalization.centering then
            for i = 1,3 do
                img[i] = img[i]:add(-img[i]:mean())
            end
        end
        # 标准差
        if cfg.normalization.scaling then
            for i = 1,3 do
                local s = img[i]:std()# 标准差
                if s > 1e-8 then
                    img[i] = img[i]:div(s)
                end
            end
        end
        img[1] = self.normalization:forward(img[{{1}}])  # 归一化亮度通道 img
        return img, ROIs
    end
    # 迭代训练过程
    function BatchIterator:nextTraining(count)
        # 使用局部函数集中所有训练集数据计算
        local cfg = self.cfg
        local batch = {}
        count = count or cfg.batch_size
        # 使用 local function 允许在出现图像加载故障的情况下提前退出
        local function try_add_next()
            local fn = next_entry(self.training)
```

```
# 复制 ROIs 的 ground_truth 数据（将被操纵）
local ROIs = deep_copy(self.ground_truth[fn].ROIs)
# 加载图像，变形 pcall，因为图像网络包含无效的非 jpeg 文件
local status, img = pcall(function ()
     return load_image(fn, cfg.color_space, cfg.examples_base_path)
     end)
if not status then
    #pcall 失败，图像文件损坏
    print(string.format("Invalid image '%s': %s", fn, img))
    return 0
end
local img_size = img:size()
if img:nDimension() ~= 3 or img_size[1] ~= 3 then
    print(string.format(
        "Warning: Skipping image '%s'. Unexpected channel count: %d
        (dim: %d)", fn, img_size[1], img:nDimension()))
    return 0
end
local img, ROIs = self:processImage(img, ROIs)
img_size = img:size() # 获取最终大小
if img_size[2] < 128 or img_size[3] < 128 then
    # 通知用户跳过有关的图像
    print(string.format(
        "Warning: Skipping image '%s'. Invalid size after process:
        (%dx%d)", fn, img_size[3], img_size[2]))
    return 0
end
# 寻找正样本图像
local img_rect = Rect.new(0, 0, img_size[3], img_size[2])
local positive = self.anchors:findPositive(ROIs, img_rect, cfg.
                 positive_threshold, cfg.negative_threshold, cfg.best_
                 match)
# 随机负样本图像
local negative = self.anchors:sampleNegative(img_rect, ROIs, cfg.
                 negative_threshold, 16)
local count = #positive + #negative
if cfg.nearby_aversion then
    local nearby_negative = {}
    # 添加所有临近背景锚点
    for i,p in ipairs(positive) do
        local cx, cy = p[1]:center()
        local nearbyAnchors = self.anchors:findNearby(cx, cy)
        for i,a in ipairs(nearbyAnchors) do
            if Rect.IoU(p[1], a) < cfg.negative_threshold then
                table.insert(nearby_negative, { a })
            end
        end
    end
```

```
            local c = math.min(#positive, count)
            shuffle_n(nearby_negative, c)
            for i=1,c do
                table.insert(negative, nearby_negative[i])
                count = count + 1
            end
        end
        #调试框(未执行)
        if false then
            local dimg = image.yuv2rgb(img)
            local red = torch.Tensor({1,0,0})
            local white = torch.Tensor({1,1,1})
            #为negative、positive、ROIs区域画框
            for i=1,#negative do
                draw_rectangle(dimg, negative[i][1], red)
            end
            local green = torch.Tensor({0,1,0})
            for i=1,#positive do
                draw_rectangle(dimg, positive[i][1], green)
            end
            for i=1,#ROIs do
                draw_rectangle(dimg, ROIs[i].rect, white)
            end
            #保存图片
                image.saveJPG(string.format('anchors%d.jpg', self.training.i), dimg)
        end
            table.insert(batch, {img = img, positive = positive, negative = negative})
        #图像的路径、图像的宽、图像的高、positive个数、negative的个数
        print(string.format("'%s' (%dx%d); p: %d; n: %d",
                    fn, img_size[3], img_size[2], #positive, #negative))
        return count
    end
    #增加背景示例
    if #self.background.list > 0 then
        local fn = next_entry(self.background)
        local status, img = pcall(function ()
                return load_image(fn, cfg.color_space, cfg.background_
                base_path) end)
        if status then
            img = self:processImage(img)
            local img_size = img:size() #获得最终大小
            if img_size[2] >= 128 and img_size[3] >= 128 then
                local img_rect = Rect.new(0, 0, img_size[3], img_size[2])
                #每个批次增加5%negative样本
                local negative = self.anchors:sampleNegative(img_rect, {}, 0,
                                                        math.floor(count * 0.05))
                table.insert(batch, { img = img, positive = {}, negative =
                negative })
```

```
                count = count - #negative
                # 输出背景图像的路径以及大小
                print(string.format('background: %s (%dx%d)', fn, img_size[3],
                img_size[2]))
            end
        else
            #pcall 失败，图像文件损坏
            print(string.format("Invalid image '%s': %s", fn, img))
        end
    end
    while count > 0 do
        count = count - try_add_next()
    end
    return batch
end
# 迭代训练的验证过程
function BatchIterator:nextValidation(count)
    # 使用局部函数集中所有验证集数据计算
    local cfg = self.cfg
    local batch = {}
    count = count or 1
    # 使用 local function 允许在出现图像加载故障的情况下提前退出
    while count > 0 do
        local fn = next_entry(self.validation)
        # 加载图像，变形 pcall，因为图像网络包含无效的非 jpeg 文件
        local status, img = pcall(function ()
        return load_image(fn, cfg.color_space, cfg.examples_base_path) end)
        if not status then
            #pcall 失败，图像文件损坏
            print(string.format("Invalid image '%s': %s", fn, img))
            goto continue
        end
        local img_size = img:size()
        if img:nDimension() ~= 3 or img_size[1] ~= 3 then
            print(string.format(
                "Warning: Skipping image '%s'. Unexpected channel count: %d
                (dim: %d)", fn, img_size[1], img:nDimension()))
            goto continue
        end
        # 复制 ROIs 的 ground_truth 数据（将被操纵）
        local ROIs = deep_copy(self.ground_truth[fn].ROIs)
        local img, ROIs = self:processImage(img, ROIs)
        img_size = img:size() # 获取最终大小
        if img_size[2] < 128 or img_size[3] < 128 then
            print(string.format(
                "Warning: Skipping image '%s'. Invalid size after process:
                (%dx%d)",
                fn, img_size[3], img_size[2]))
```

```
                goto continue
            end
            table.insert(batch, { img = img, ROIs = ROIs })
            count = count - 1
            ::continue::
        end
        return batch
    end
```

（5）模型训练

objective.lua 文件是模型训练的主体文件，其局部函数 lossAndGradient 是网络训练的关键代码，函数的参数列表仅有一个权重矩阵，如果权重矩阵具有新值，则将新值拷贝至权重矩阵中。具体过程如下：首先进行梯度初始化（置 0 操作），然后对各种变量进行初始化，包括统计预测阶段的评价变量以及微调阶段的评价变量。还有就是获取批量数据中的图像，并获取 ROI 的正样本以及大量的负样本。主体文件中通过前向传播计算梯度、反向传播进行权值更新，最后记录建议阶段和分类阶段的损失值以绘制训练阶段的图像。

```
objective.lua
#require 'cunn'
require 'BatchIterator'
require 'Localizer'
# 提取 ROI 池化的输入
function extract_ROI_pooling_input(input_rect, localizer, feature_layer_
output)
    local r = localizer:inputToFeatureRect(input_rect)
    # 使用 math.min 可以确保正确处理空矩形
    local s = feature_layer_output:size()
    r = r:clip(Rect.new(0, 0, s[3], s[2]))
    local idx = { {}, { math.min(r.minY + 1, r.maxY), r.maxY },
                                { math.min(r.minX + 1, r.maxX), r.maxX } }
    return feature_layer_output[idx], idx
end
# 创建目标（模型训练的主体函数）
function create_objective(model, weights, gradient, batch_iterator, stats)
    local cfg = model.cfg
    local pnet = model.pnet
    local cnet = model.cnet
    local bgclass = cfg.class_count + 1   # 背景类
    local anchors = batch_iterator.anchors # 锚点
    local localizer = Localizer.new(pnet.outnode.children[5])
```

```
# local softmax = nn.CrossEntropyCriterion():cuda()
# local cnll = nn.ClassNLLCriterion():cuda()
# local smoothL1 = nn.SmoothL1Criterion():cuda()
local softmax = nn.CrossEntropyCriterion() #代价函数
local cnll = nn.ClassNLLCriterion()  #代价函数
local smoothL1 = nn.SmoothL1Criterion() #代价函数
smoothL1.sizeAverage = false
local kh, kw = cfg.ROI_pooling.kh, cfg.ROI_pooling.kw
local cnet_input_planes = model.layers[#model.layers].filters
# local amp = nn.SpatialAdaptiveMaxPooling(kw, kh):cuda()
# local amp = nn.SpatialAdaptiveMaxPooling(kw, kh) ()
#规定了输出的w和h的max pooling
local amp = nn.SpatialAdaptiveMaxPooling(kw, kh)
#局部函数cleanAnchors
#清理锚点，将网络预测的目标与实际目标进行比对
#在预测到的区域中，将小于实际目标区域的锚点从候选锚点列表中清除
#保证目标一定在被检测区域中
local function cleanAnchors(examples, outputs)
      local i = 1
      while i <= #examples do
         local anchor = examples[i][1]
         local fmSize = outputs[anchor.layer]:size()
          if anchor.index[2] > fmSize[2] or anchor.index[3] > fmSize[3] then
            table.remove(examples, i)   # 访问将导致超出范围的异常
         else
            i = i + 1
         end
      end
end
#局部函数lossAndGradient
#调用建议网络pnet前向输出预测结果
#调用cleanAnchors函数清除一些小于实际样本的锚点区域
local function lossAndGradient(w)
    if w ~= weights then
       weights:copy(w)
    end
    gradient:zero()
    #建议阶段统计
    local cls_loss, reg_loss = 0, 0
    local cls_count, reg_count = 0, 0
    local delta_outputs = {}
    # 微调和分类阶段统计
    local creg_loss, creg_count = 0, 0
    local ccls_loss, ccls_count = 0, 0
    # 启用 dropouts
    pnet:training()
    cnet:training()
```

```
local batch = batch_iterator:nextTraining()
for i,x in ipairs(batch) do
    # local img = x.img:cuda()  如果在 GPU 上运行，将 batch 转换为 CUDA
    local img = x.img
    local p = x.positive        # 获取正样本和负样本锚点示例
    local n = x.negative
    # 运行前向卷积
    local outputs = pnet:forward(img)
    # 确保所有示例锚点位于现有要素平面内
    cleanAnchors(p, outputs)
    cleanAnchors(n, outputs)
    # 清除每个新图像的增量值
    for i,out in ipairs(outputs) do
        if not delta_outputs[i] then
            #delta_outputs[i] = torch.FloatTensor():cuda()
            delta_outputs[i] = torch.FloatTensor()
        end
        delta_outputs[i]:resizeAs(out)
        delta_outputs[i]:zero()
    end

    local ROI_pool_state = {}
    local input_size = img:size()
    local cnetgrad
    # 处理正样本设置
    for i,x in ipairs(p) do
        local anchor = x[1]
        local ROI = x[2]
        local l = anchor.layer
        local out = outputs[l]
        local delta_out = delta_outputs[l]
        local idx = anchor.index
        local v = out[idx]
        local d = delta_out[idx]
        # 分类
        cls_loss = cls_loss + softmax:forward(v[{{1, 2}}], 1)
        local dc = softmax:backward(v[{{1, 2}}], 1)
        d[{{1,2}}]:add(dc)
        # 边框回归
        local reg_out = v[{{3, 6}}]
        # local reg_target = Anchors.inputToAnchor(anchor,
        ROI.rect):cuda()   - local reg_target = Anchors.
        inputToAnchor(anchor, ROI.rect) # 回归目标
        local reg_proposal = Anchors.anchorToInput(anchor, reg_out)
        reg_loss = reg_loss + smoothL1:forward(reg_out, reg_target) * 10
        local dr = smoothL1:backward(reg_out, reg_target) * 10
        d[{{3,6}}]:add(dr)
        # 自适应最大池化操作
```

```
        local pi, idx = extract_ROI_pooling_input(ROI.rect, localizer,
                outputs[5])
        local po = amp:forward(pi):view(kh * kw * cnet_input_planes)
        table.insert(ROI_pool_state,
              { input = pi,input_idx = idx,anchor = anchor,
                reg_proposal = reg_proposal,ROI = ROI,
                output = po:clone(),indices = amp.
                indices:clone() })
    end
    # 处理负样本
    for i,x in ipairs(n) do
        local anchor = x[1]
        local l = anchor.layer
        local out = outputs[l]
        local delta_out = delta_outputs[l]
        local idx = anchor.index
        local v = out[idx]
        local d = delta_out[idx]
        cls_loss = cls_loss + softmax:forward(v[{{1, 2}}], 2)
        local dc = softmax:backward(v[{{1, 2}}], 2)
        d[{{1,2}}]:add(dc)
        # 自适应最大池化操作
        local pi, idx = extract_ROI_pooling_input(anchor, localizer,
        outputs[5])
        local po = amp:forward(pi):view(kh * kw * cnet_input_planes)
        table.insert(ROI_pool_state,
              { input = pi, input_idx = idx,
             output = po:clone(), indices = amp.indices:clone() })
    end
    # 微调阶段
    # 通过分类网络提取 ROI 数据
    # 创建 cnet 输入 batch
    if #ROI_pool_state > 0 then
    # local cinput = torch.CudaTensor(#ROI_pool_state, kh * kw * cnet_
                            input_planes)
    # local cctarget = torch.CudaTensor(#ROI_pool_state)
    # local crtarget = torch.CudaTensor(#ROI_pool_state, 4):zero()
        local cinput = torch.Tensor(#ROI_pool_state, kh * kw * cnet_
        input_planes)
        local cctarget = torch.Tensor(#ROI_pool_state)
        local crtarget = torch.Tensor(#ROI_pool_state, 4):zero()

        for i,x in ipairs(ROI_pool_state) do
            cinput[i] = x.output
            if x.ROI then
                # 正样本
                cctarget[i] = x.ROI.class_index
                # 对建议进行微调
```

```
                crtarget[i] = Anchors.inputToAnchor(x.reg_proposal,
                x.ROI.rect)
            else
                #负样本
                cctarget[i] = bgclass
            end
        end
        #处理分类 batch
        local coutputs = cnet:forward(cinput)
        # 计算分类和回归误差，并运行反向传播
        local crout = coutputs[1]
        #print(crout)
        crout[{{#p + 1, #ROI_pool_state}, {}}]:zero() #忽略负样本例子
        creg_loss = creg_loss + smoothL1:forward(crout, crtarget) * 10
        local crdelta = smoothL1:backward(crout, crtarget) * 10
        # log softmax分类
        local ccout = coutputs[2]
        local loss = cnll:forward(ccout, cctarget)
        ccls_loss = ccls_loss + loss
        local ccdelta = cnll:backward(ccout, cctarget)
        local post_ROI_delta = cnet:backward(cinput, { crdelta,
        ccdelta })
        # 在 ROIs 上运行反向传播
        for i,x in ipairs(ROI_pool_state) do
            amp.indices = x.indices
            delta_outputs[5][x.input_idx]:
                        add(amp:backward(x.input,post_ROI_delta[i]:
                               view(cnet_input_planes, kh, kw)))
        end
    end
    # 反向传播建议网络
    local gi = pnet:backward(img, delta_outputs)
    # print(string.format('%f; pos: %d; neg: %d', gradient:max(), #p, #n))
    reg_count = reg_count + #p
    cls_count = cls_count + #p + #n
    creg_count = creg_count + #p
    ccls_count = ccls_count + 1
end
# 尺度梯度
gradient:div(cls_count)
local pcls = cls_loss / cls_count       # 建议分类的损失值
local preg = reg_loss / reg_count       # 建议边框回归的损失值
local dcls = ccls_loss / ccls_count     # 检测分类的损失值
local dreg = creg_loss / creg_count     # 检测边框微调的损失值
print(string.format('prop: cls: %f (%d), reg: %f (%d); det: cls: %f, reg:
                  %f', pcls, cls_count, preg, reg_count, dcls, dreg))
#存储四个值
table.insert(stats.pcls, pcls)
```

```
            table.insert(stats.preg, preg)
            table.insert(stats.dcls, dcls)
            table.insert(stats.dreg, dreg)
            local loss = pcls + preg
            return loss, gradient
        end
        return lossAndGradient
    end
```

（6）模型检测

有了训练好的网络，就可以使用该网络进行目标检测了，Detection.lua 文件定义了一个检测类，经过初始化加载模型、候选区域函数，然后在检测函数中输入待检测图像进行分类和回归，利用窗口得分，分别对每一类物体进行非极大值抑制以剔除重叠建议框，最终得到每个类别中回归修正后的得分最高的窗口。

```
Detection.lua
#require 'cunn'
require 'image'
require 'nms'
require 'Anchors'
#定义类 Detector
local Detector = torch.class('Detector')
#初始化
function Detector:__init(model)
    local cfg = model.cfg
    self.model = model
    self.anchors = Anchors.new(model.pnet, model.cfg.scales)
    self.localizer = Localizer.new(model.pnet.outnode.children[5])
    #self.lsm = nn.LogSoftMax():cuda()
    self.lsm = nn.LogSoftMax()
    #self.amp = nn.SpatialAdaptiveMaxPooling(cfg.ROI_pooling.kw,
    #                                        cfg.ROI_pooling.kh):cuda()
    self.amp = nn.SpatialAdaptiveMaxPooling(cfg.ROI_pooling.kw, cfg.ROI_
            pooling.kh
end
#检测函数
function Detector:detect(input)
    local cfg = self.model.cfg
    local pnet = self.model.pnet
    local cnet = self.model.cnet
    local kh, kw = cfg.ROI_pooling.kh, cfg.ROI_pooling.kw
    local bgclass = cfg.class_count + 1   # 背景类
    local amp = self.amp
    local lsm = self.lsm
```

```
local cnet_input_planes = self.model.layers[#self.model.layers].filters
local input_size = input:size()
local input_rect = Rect.new(0, 0, input_size[3], input_size[2])
# 图片输入网络
pnet:evaluate()
#input = input:cuda()
local outputs = pnet:forward(input)
# 分析非背景分类的网络输出
local matches = {}
local aspect_ratios = 3
for i=1,4 do
    local layer = outputs[i]
    local layer_size = layer:size()
    for y=1,layer_size[2] do
        for x=1,layer_size[3] do
            local c = layer[{{}, y, x}]
            for a=1,aspect_ratios do
                local ofs = (a-1) * 6
                local cls_out = c[{{ofs + 1, ofs + 2}}]
                local reg_out = c[{{ofs + 3, ofs + 6}}]
                # 分类
                local c = lsm:forward(cls_out)
                #if c[1] > c[2] then
                if math.exp(c[1]) > 0.95 then
                    # 回归
                    local a = self.anchors:get(i,a,y,x)
                    local r = Anchors.anchorToInput(a, reg_out)
                    if r:overlaps(input_rect) then
                        table.insert(matches, { p=c[1], a=a, r=r, l=i })
                        end
                    end
                end
            end
        end
    end
    local winners = {}
    if #matches > 0 then
        # 非最大值抑制
        local bb = torch.Tensor(#matches, 4)
        local score = torch.Tensor(#matches, 1)
        for i=1,#matches do
            bb[i] = matches[i].r:totensor()
            score[i] = matches[i].p
        end
        local iou_threshold = 0.25
        local pick = nms(bb, iou_threshold, score)
        #local pick = nms(bb, iou_threshold, 'area')
        local candidates = {}
```

```
    pick:apply(function (x) table.insert(candidates, matches[x]) end )
    print(string.format('candidates: %d', #candidates))
    # 区域分类
    cnet:evaluate()
    # 创建 cnet 输入 batch
    #local cinput = torch.CudaTensor(#candidates,
    #                cfg.ROI_pooling.kw * cfg.ROI_pooling.kh * cnet_
                     input_planes)
    local cinput = torch. Tensor(#candidates,
                     cfg.ROI_pooling.kw * cfg.ROI_pooling.kh * cnet_
                     input_planes)
    for i,v in ipairs(candidates) do
        # 使用自适应最大池化操作
        local pi, idx = extract_ROI_pooling_input(v.r, self.localizer,
                            outputs[5])
        cinput[i] = amp:forward(pi):
    view(cfg.ROI_pooling.kw * cfg.ROI_pooling.kh * cnet_input_planes)
    end
    # 通过分类网络发送提取的 ROI 数据
    local coutputs = cnet:forward(cinput)
    local bbox_out = coutputs[1]
    local cls_out = coutputs[2]
    local yclass = {}
    for i,x in ipairs(candidates) do
        x.r2 = Anchors.anchorToInput(x.r, bbox_out[i])
        local cprob = cls_out[i]
        local p,c = torch.sort(cprob, 1, true) # 获得概率和分类指数
        x.class = c[1]
        x.confidence = p[1]
        print(x.class)
        if x.class ~= bgclass and math.exp(x.confidence) > 0.2 then
            if not yclass[x.class] then
                yclass[x.class] = {}
            end
            table.insert(yclass[x.class], x)
        end
    end
    for i,c in pairs(yclass) do
        # 填充矩形张量
        bb = torch.Tensor(#c, 5)
        for j,r in ipairs(c) do
            bb[{j, {1,4}}] = r.r2:totensor()
            bb[{j, 5}] = r.confidence
        end
        pick = nms(bb, 0.1, bb[{{}, 5}])
        pick:apply(function (x) table.insert(winners, c[x]) end )
    end
end
```

```
        return winners
    end
```

（7）主函数

main.lua 文件是该目标检测程序的入口。该文件定义了命令行操作，以及加载模型、调用训练函数、测试函数。

```
main.lua
# 加载程序需要的包（torch 文件所需要的）
require 'torch'
require 'pl'
require 'optim'
require 'image'
require 'nngraph'
require 'nms'
require 'gnuplot'
#require'cunn'
# 加载自定义的文件
require 'utilities'
require 'Anchors'
require 'BatchIterator'
require 'objective'
require 'Detector'
print('#in main')
#torch 命令行操作
cmd = torch.CmdLine()
cmd:addTime()# 增加时间信息
cmd:text()
cmd:text('Training a convnet for region proposals')
cmd:text()
cmd:text('=== Training ===')
#option 中分别是参数的名字和默认值以及字符串提示的 help
cmd:option('-cfg', 'conFig./imagenet.lua', 'conFig.uration file') #imagenet 配置
参数
cmd:option('-model', 'models/vgg_small.lua', 'model factory file') # 模型参数
cmd:option('-name', 'imgnet', 'experiment name, snapshot prefix')   # 名字参数
cmd:option('-train', 'ILSVRC2015_DET.t7', 'training data file name') # 训练参数
cmd:option('-restore', '', 'network snapshot file name to load') # 存储参数
cmd:option('-snapshot', 1000, 'snapshot interval') # 每迭代 1000 次保存一次快照
cmd:option('-plot', 100, 'plot training progress interval') # 每迭代 100 次进行一
次绘图
cmd:option('-lr', 1E-4, 'learn rate')   # 学习率参数
#RMSprop 优化算法（移动平均衰减因子）
cmd:option('-rms_decay', 0.9, 'RMSprop moving average dissolving factor')
cmd:option('-opti', 'rmsprop', 'Optimizer')   # 优化参数
```

```
cmd:text('=== Misc ===')
cmd:option('-threads', 8, 'number of threads')  #阈值参数
#gpuid的值是'-1'时，代表使用CPU进行训练
cmd:option('-seed', 0, 'random seed (0 = no fixed seed)')  #种子参数
cmd:option('-gpuid', -1, 'device ID (CUDA), (use -1 for CPU)')
print('Command line args:')
local opt = cmd:parse(arg or {})
print(opt)
print('Options:')
local cfg = dofile(opt.cfg)
print(cfg)
# 系统配置
torch.setdefaulttensortype('torch.FloatTensor') #设置默认的Tensor类型
#cutorch.setDevice(opt.gpuid + 1) 等于0的时候nvidia 开始计算
torch.setnumthreads(opt.threads)  #设置阈值
if opt.seed ~= 0 then   #手工种子
    torch.manualSeed(opt.seed)
    #cutorch.manualSeed(opt.seed)
end
#绘制训练过程曲线
function plot_training_progress(prefix, stats)
    local fn = prefix .. '_progress.png' #图片名
    gnuplot.pngFig.ure(fn)
    gnuplot.title('Traning progress over time') #图像抬头
    local xs = torch.range(1, #stats.pcls)  #xs为X轴的值
    gnuplot.plot(
        # torch.Tensor(stats.pcls)为Y轴的值
        { 'pcls', xs, torch.Tensor(stats.pcls), '-' }, # 建议分类的损失值
        { 'preg', xs, torch.Tensor(stats.preg), '-' }, # 建议边框回归的损失值
        { 'dcls', xs, torch.Tensor(stats.dcls), '-' }, # 检测分类的损失值
        { 'dreg', xs, torch.Tensor(stats.dreg), '-' } # 检测边框微调的损失值
    )
    gnuplot.axis({ 0, #stats.pcls, 0, 10 }) #X与Y轴的取值范围
    gnuplot.xlabel('iteration') #X轴
    gnuplot.ylabel('loss') #Y轴
    gnuplot.plotflush()
end
#加载模型
function load_model(cfg, model_path, network_filename, cuda)
    # 获取模型及配置
    local model_factory = dofile(model_path)
    local model = model_factory(cfg)
    if cuda then
        model.cnet:cuda()
        model.pnet:cuda()
    end
    # 将pnet和cnet的参数转换为一维张量
    #获取到一维的权重和梯度
```

```
    local weights, gradient = combine_and_flatten_parameters(model.pnet, model.
    cnet)
    local training_stats
    # 网络快照存储
    if network_filename and #network_filename > 0 then
        local stored = load_obj(network_filename)
        training_stats = stored.stats
        weights:copy(stored.weights)
    end
    return model, weights, gradient, training_stats
end
# 进行图像训练
function graph_training(cfg, model_path, snapshot_prefix, training_data_filename,
                        network_filename)
    print('Reading training data file \'' .. training_data_filename .. '\'.')
    local training_data = load_obj(training_data_filename)
    local file_names = keys(training_data.ground_truth)
    print(string.format(
        "Training data loaded. Dataset: '%s'; Total files: %d; classes: %d;
        Background: %d)",
        training_data.dataset_name, #file_names,#training_data.class_names,
        #training_data.background_files))
    # 创建/加载模型
    local model, weights, gradient, training_stats = load_model(cfg, model_
    path, network_filename, false)
    if not training_stats then
        # 记录四个数组
        training_stats = { pcls={}, preg={}, dcls={}, dreg={} }
    end
    # 小批量数据迭代
    local batch_iterator = BatchIterator.new(model, training_data)
    # 评估目标梯度
    local eval_objective_grad = create_objective(model, weights, gradient,
    batch_iterator, training_stats)
    # 设置 rmsprop 的参数（学习率、alpha）
    local rmsprop_state = { learningRate = opt.lr, alpha = opt.rms_decay }
    # 设置反向传播的参数（学习率、权值衰减、动量因子）
    local sgd_state = { learningRate = opt.lr, weightDecay = 0.0005, momentum
                        = 0.9 }
    for i=1,50000 do  # 迭代次数
        if i % 5000 == 0 then   # 学习率的动态调整
            opt.lr = opt.lr / 2
            rmsprop_state.lr = opt.lr
        end
        local timer = torch.Timer()
        # 获得当前损失值
        local _, loss = optim.rmsprop(eval_objective_grad, weights, rmsprop_
        state) # 优化算法
```

```
        #local _, loss = optim.nag(eval_objective_grad, weights, nag_state)
        #local _, loss = optim.sgd(eval_objective_grad, weights, sgd_state)
        local time = timer:time().real
        print(string.format('%d: loss: %f', i, loss[1])) #打印损失值
        if i%opt.plot == 0 then
            plot_training_progress(snapshot_prefix, training_stats) #绘制图形
        end
        if i%opt.snapshot == 0 then
            # 保存 snapshot（包括权重、配置、训练统计）
            save_model(string.format('%s_%06d.t7', snapshot_prefix, i),
                                                weights, opt, training_stats)
        end
    end
end
#自动加载图像的大小
function load_image_auto_size(fn, target_smaller_side, max_pixel_size, color_
space)
    local img = image.load(path.join(base_path, fn), 3, 'float')
    local dim = img:size()
    local w, h
    if dim[2] < dim[3] then
        #高比宽小，设置h为目标大小
        w = math.min(dim[3] * target_smaller_side/dim[2], max_pixel_size)
        h = dim[2] * w/dim[3]
    else
        #高比宽大，设置w为目标大小
        h = math.min(dim[2] * target_smaller_side/dim[1], max_pixel_size)
        w = dim[3] * h/dim[2]
    end
    img = image.scale(img, w, h)
    if color_space == 'yuv' then
        img = image.rgb2yuv(img)
    elseif color_space == 'lab' then
        img = image.rgb2lab(img)
    elseif color_space == 'hsv' then
        img = image.rgb2hsv(img)
    end
    return img, dim
end
#评估样例
function evaluation_demo(cfg, model_path, training_data_filename, network_
filename)
    # 加载训练数据
    local training_data = load_obj(training_data_filename)
    # 加载模型
    local model = load_model(cfg, model_path, network_filename, false)
    local batch_iterator = BatchIterator.new(model, training_data)
    #设置颜色
```

```
        local red = torch.Tensor({1,0,0})
        local green = torch.Tensor({0,1,0})
        local blue = torch.Tensor({0,0,1})
        local white = torch.Tensor({1,1,1})
        local colors = { red, green, blue, white }
        # 创建检测器
        local d = Detector(model)
        for i=1,50 do
            # 挑选随机验证图像
            local b = batch_iterator:nextValidation(1)[1]
            local img = b.img
            local matches = d:detect(img)
            img = image.yuv2rgb(img)
            # 绘制检测框并保存图片
            for i,m in ipairs(matches) do
                draw_rectangle(img, m.r, green)
            end
            image.saveJPG(string.format('output%d.jpg', i), img)
        end
    end
    # 调用训练函数
    graph_training(cfg, opt.model, opt.name, opt.train, opt.restore)
    # 调用评估函数
    evaluation_demo(cfg, opt.model, opt.train, opt.restore)
```

4.3.5 实验结果分析

上一小节介绍了程序实现，下面开始分析该目标检测网络 Faster R-CNN 的实验结果。该实验环境为 Ubuntu16.10，硬件配置是 PC 处理器 Intel Core i7-3770，主频为 3.40GHz，内存为 8GB。该实例程序针对 CPU，如果需要在 GPU 上运行，可以参考注释中注释掉的 GPU 部分代码。

（1）实验运行

在终端中首先进入程序所在的文件夹，输入 th main.lua 命令，程序开始运行，运行界面如图 4-30 所示，程序首先打印输出提前设置好的各项参数值，然后开始迭代训练。

程序迭代了 1629 次的界面如图 4-31 所示，迭代训练的过程中输出的信息包括背景图像的路径及图像大小，接着输出的是训练图像的路径及图像大小，还有正负样本的个数，最后输出该次迭代的损失值（pnet 的分类损失 +pet 的回归损失）。

```
:~$ cd faster-rcnn-torch-master2/
:~/faster-rcnn-torch-master2$ th main.lua--in main
Command line args:
{
  snapshot : 1000
  seed : 0
  name : "imgnet"
  gpuid : -1
  lr : 0.0001
  restore : "imgnet_004000.t7"
  train : "ILSVRC2015_DET.t7"
  threads : 8
  plot : 2
  rms_decay : 0.9
  cfg : "config/imagenet.lua"
  opti : "rmsprop"
  model : "models/vgg_small.lua"
}
Options:
{
  roi_pooling :
    {
      kw : 6
      kh : 6
    }
  best_match : true
  batch_size : 300
  positive_threshold : 0.6
  nearby_aversion : true
  normalization :
    {
      method : "contrastive"
      centering : true
      scaling : true
      width : 7
    }
  negative_threshold : 0.25
  target_smaller_side : 480
  scales :
    {
      1 : 48
      2 : 96
      3 : 192
      4 : 384
    }
  class_count : 200
  max_pixel_size : 1000
  background_base_path : ""
  augmentation :
    {
      aspect_jitter : 0
      hflip : 0.25
      vflip : 0
      random_scaling : 0
    }
  examples_base_path : ""
  color_space : "yuv"
}
Reading training data file 'ILSVRC2015_DET.t7'.
Training data loaded. Dataset: 'ILSVRC2015_DET'; Total files: 352154; classes: 200; Background: 107248)
```

图 4-30 实验运行界面

（2）训练过程的损失

2000 次训练的损失值如图 4-32 所示，其中 pcls 代表建议分类的损失值；preg 代表建议边框回归的损失值；dcls 代表检测分类的损失值；dreg 代表检测边框回归的损失值。

```
background: [illegible]/ILSVRC2015/Data/DET/train/ILSVRC2013_train_extra6/ILSVRC2013_train_00064422.JPEG (600x480)
'[illegible]/ILSVRC2015/Data/DET/train/ILSVRC2013_train/n02494079/n02494079_2791.JPEG' (640x480); p: 51; n: 67
'[illegible]/ILSVRC2015/Data/DET/train/ILSVRC2013_train/n02486410/n02486410_2377.JPEG' (721x480); p: 49; n: 65
'[illegible]/ILSVRC2015/Data/DET/train/ILSVRC2014_train_0004/ILSVRC2014_train_00040121.JPEG' (640x480); p: 70; n: 86
prop: cls: 0.480331 (403), reg: 1.355168 (170); det: cls: 1.683213, reg: 0.893429
1628: loss: 1.835499
background: [illegible]/ILSVRC2015/Data/DET/train/ILSVRC2013_train_extra0/ILSVRC2013_train_00006707.JPEG (627x480)
'[illegible]/ILSVRC2015/Data/DET/train/ILSVRC2013_train/n03916031/n03916031_15795.JPEG' (480x719); p: 4; n: 20
'[illegible]/ILSVRC2015/Data/DET/train/ILSVRC2013_train/n07753113/n07753113_22990.JPEG' (480x578); p: 72; n: 88
'[illegible]/ILSVRC2015/Data/DET/train/ILSVRC2013_train/n04254680/n04254680_1255.JPEG' (721x480); p: 51; n: 67
prop: cls: 0.385867 (317), reg: 0.689059 (127); det: cls: 2.110967, reg: 0.922437
1629: loss: 1.074926
```

图 4-31　实验训练界面

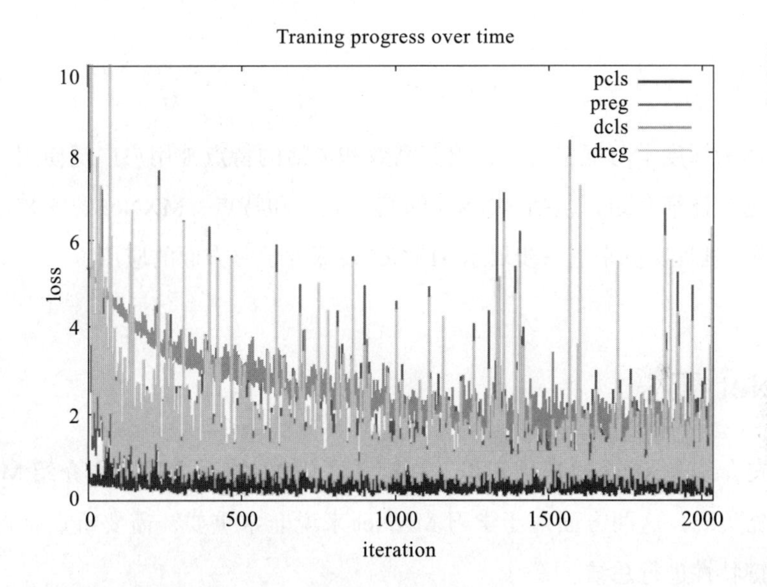

图 4-32　训练损失⊖

在图 4-32 中可以看出建议分类的损失值一直很稳定地保持在很小的值，并且在缓慢地降低，检测分类的损失值则从比较大的值开始快速下降，并且趋势是随着迭代次数的增加该损失值越来越小；建议边框回归的损失值和检测边框回归的损失值趋势基本吻合，整体呈下降趋势，在达到个别训练次数的时候损失值波动较大。

⊖ 该实验结果彩色插图可从华章网站（www.hzbook.com）下载查阅。

CHAPTER 5

第 5 章

MXNet 深度学习框架构建与自然语言处理的实现

MXNet 作为深度学习框架之一，因其高效和灵活的特点被用户广泛使用。本章将对 MXNet 框架进行详细介绍，包括 MXNet 的基本概念和特点、MXNet 的安装过程等，最后基于自然语言处理实例来进一步展示 MXNet 在深度学习方面的应用。

5.1 MXNet 概述

下面首先介绍 MXNet 的基础知识，在简单了解 MXNet 之后，再介绍 MXNet 的编程接口和系统实现，这两方面对于学习 MXNet 来说非常重要，需要重点掌握，最后对 MXNet 的关键特性进行总结。

5.1.1 MXNet 基础知识

MXNet 是一个高效、灵活的开源深度学习框架，支持命令式编程和声明式编程。MXNet 支持多个 CPU 和 GPU 设备自动地并行化处理，计算表示为符号图。关于 MXNet 的具体内容，以及命令式编程和声明式编程等内容将在下面做出详细说明。

对于优秀的深度学习系统或者优秀的科学计算系统来说，最重要的是编程接口的设计。这些系统都采用将一个领域特定语言（Domain Specific Language）嵌入到一个主语言中。例如 NumPy（Numeric Python，功能强大的 *N* 维数组对象 Array，Python 的一种开源数值计算扩展）将矩阵运算嵌入到 Python（一种面向对象的解释型计算机程序设计语言）中。这类嵌入一般分为两种，一种嵌入得较浅，其中每条语句都按原来的意思执行，且通常采用命令式编程（Imperative Programming），NumPy 和 Torch 就属于命令式编程。而另一种则使用一种较深的嵌入方式，提供一整套针对具体应用的语言。这种通常使用声明式编程（Declarative Programing），即用户只需要声明做什么，而具体执行则由系统完成，这类系统包括 Caffe、Theano 和 TensorFlow。

这两种编程方式各有利弊，具体比较见表 5-1。

表 5-1　命令式编程和声明式编程的比较

	较浅嵌入，命令式编程	**较深嵌入，声明式编程**
如何执行 a=b+1	需要 b 已经被赋值，立即执行加法，将结果保存在 a 中	返回对应的计算图（computation graph），之后对 b 进行赋值，然后再执行加法运算
优点	语义上容易理解，灵活，可以精确控制行为。通常可以无缝地与主语言交互，方便地利用主语言的各类算法、工具包、代码调试和性能调试器	在真正开始计算时已经得到整个计算图，所以可以对计算图进行一系列优化来提升性能。实现辅助函数也容易，例如对任何计算图都提供 forward 和 backward 函数，对计算图进行可视化，将图保存到硬盘和从硬盘读取
缺点	实现统一的辅助函数和提供整体优化都很困难	很多主语言的特性都用不上。某些在主语言中实现很简单，但在这里却非常麻烦，如 if-else 语句。调试程序也很麻烦，例如监视一个复杂的计算图中某个节点的中间结果也不简单

目前现有的系统比如 Caffe、Torch 等大部分都采用以上两种编程模式的一种。与这些系统不同的是，MXNet 尝试将两种编程模式结合起来。在命令式编程上 MXNet 提供张量运算，而声明式编程中 MXNet 支持符号表达式。关于张量运算和符号表达式将会在编程接口部分详细介绍。通过这两种编程方式的结合，用户可以自由地使用这种结合来快速实现自己的想法。例如可以用声明式编程来描述神经网络，并利用系统提供的自动求导来训练模型。另外，模型的迭代训练和更新模型法则中可能涉及大量的控制逻辑，这些都可以用命令式编程来实现。

MXNet 和目前流行的深度学习系统在语言和编程模式等方面的比较如表 5-2 所示。

表 5-2　MXNet 和其他深度学习系统的比较

	主语言	从语言	硬件	分布式	命令式	声明式
Caffe	C++	Python/Matlab	CPU/GPU	×	×	√
Torch	Lua	—	CPU/GPU/FPGA	×	√	×
Theano	Python	—	CPU/GPU	×	√	×
TensorFlow	C++	Python	CPU/GPU/Mobile	√	×	√
MXNet	C++	Python/R/Julia/Go	CPU/GPU/Mobile	√	√	√

MXNet 的系统框架从上到下分别为各种主语言的嵌入、编程接口（矩阵运算，符号表达式，分布式通信）、两种编程模式的统一系统实现，以及各硬件的支持。总之，不同的编程模式有各自的优势，以往的深度学习框架往往着重于灵活性或者性能，MXNet 则通过融合的方式把两种编程模式整合在一起，试图最大化各自的优势，并且通过统一的轻量级运行引擎进行执行调度，使得用户可以直接复用稳定高效的神经网络模块，并且可以通过 Python 等高级语言进行快速扩展。

5.1.2　编程接口

下面详细介绍 MXNet 系统框架中的编程接口部分：主要包括声明式的符号表达式 Symbol、命令式的张量计算 NDArray、多设备间的数据交互 KVStore 等方面，下面对这些接口进行详细介绍。

（1）Symbol：声明式的符号表达式

MXNet 使用多值输出的符号表达式来声明计算图。符号是由操作子构建而来。一个操作子可以是一个简单的矩阵运算“+”，也可以是复杂的神经网络里面的层，如卷积层。一个操作子可以有多个输入变量和多个输出变量，还可以有内部状态变量。一个变量既可以是自由的，可以之后对其赋值；也可以是某个操作子的输出。

以下范例创建了一个两层的感知器网络：两个全连接层，激活函数是 Relu，输出是 softmax。

```
>>> import mxnet as mx
>>> net = mx.symbol.Variable('data')
>>> net = mx.symbol.FullyConnected(data=net, name='fc1', num_hidden=128)
```

```
>>> net = mx.symbol.Activation(data=net, name='relu1', act_type="relu")
>>> net = mx.symbol.FullyConnected(data=net, name='fc2', num_hidden=64)
>>> net = mx.symbol.SoftmaxOutput(data=net, name='out')
>>> type(net)
<class 'mxnet.symbol.Symbol'>
```

每一个 Symbol 可以绑定一个名字，Variable 通常用来定义输入，其他 Symbol 有一个参数 data，以一个 Symbol 类型作为输入数据，另外还有其他的超参数 num_hidden（隐藏层的神经元数目）、act_type（激活函数的类型）。

（2）NDArray：命令式的张量计算

MXNet 提供命令式的张量计算来桥接主语言和符号表达式。下面代码表示在 CPU 上计算矩阵和常量的乘法，并使用 numpy 来打印结果。

```
>>> import mxnet as mx
>>> a = mx.nd.ones((2, 3), mx.cpu())
>>> print (a * 2).asnumpy()
[[ 2.  2.  2.]
   [ 2.  2.  2.]]
```

另一方面，NDArray 可以无缝地与符号表达式进行对接。假设使用 Symbol 定义了一个神经网络 net，那么就可以如下实现一个梯度下降算法。

```
for (int i = 0; i < n; ++i) {        //n 迭代次数
    net.forward();      // 前向计算
    net.backward();     // 反向计算
    net.weight -= eta * net.grad    // 更新权重
}
```

这里梯度 net.grad 由 Symbol 计算而得。Symbol 的输出结果均表示成 NDArray，可以通过 NDArray 提供的张量计算来更新权重。此外，还利用了主语言的 for 循环来进行迭代，学习率 eta 也是在主语言中进行修改。

（3）KVStore: 多设备间的数据交互

MXNet 提供一个分布式的 key-value 存储来进行数据交换。它主要有两个函数：

- push：将 key-value 对从一个设备“push”进存储。
- pull：将某个 key 上的 value 从存储中“pull”出来。

此外，KVStore 还接受自定义的更新函数来控制收到的值如何写入存储中。

分布式梯度下降算法：

```
KVStore kvstore("dist_async");
kvstore.set_updater([](NDArray weight, NDArray gradient) {
    weight -= eta * gradient;                    // 更新权重
});
for (int i = 0; i < max_iter; ++i) {
    kvstore.pull(network.weight);                // 取出权重
    network.forward();                           // 前向计算
    network.backward();                          // 反向计算
    kvstore.push(network.gradient);              // 保存权重
}
```

在这里先创建一个 kvstore，dist_async 参数表示执行异步更新，然后将更新函数注册进去。在每轮迭代前，每个计算节点先将最新的权重“ pull”出来，之后将计算后得到的梯度再“ push”回去。kvstore 将会利用更新函数来使用收到的梯度以更新其所存储的权重。

（4）读入数据模块

数据读取在整体系统性能考虑上占重要地位。MXNet 可提供工具将任意大小的样本压缩打包成单个或者数个文件来加速顺序和随机读取。

通常数据存在本地磁盘或者远端的分布式文件系统上，每次只需将当前需要的数据读进内存。MXNet 提供数据迭代器以按块读取不同格式的文件。迭代器使用多线程来解码数据，并使用多线程预读取来减小文件读取的开销。

（5）训练模块

MXNet 使用常用的优化算法来训练模型。用户只需要提供数据迭代器和神经网络的 Symbol 便可。此外，用户可以提供额外的 KVStore 来进行分布式训练。例如下面代码使用分布式异步 SGD（Stochastic Gradient Descent，随机梯度下降）来训练一个模型，其中每个计算节点使用两块 GPU。

```
import mxnet as mx
// 生成训练模型
```

```
model = mx.model.FeedForward(
    ctx = [mx.gpu(0), mx.gpu(1)],              // 使用 GPU 设备
    symbol = network,                           // 神经网络的 Symbol
    num_epoch = 100,                            // 迭代次数
    learning_rate = 0.01,                       // 学习率
    momentum = 0.9,                             // 动量
    wd = 0.00001,                               // 权重衰退系数
    initializer = mx.init.Xavier(factor_type="in", magnitude=2.34))
    // 执行 Xavier 初始化生成权重，目的是保持梯度范围在所有层大致相同
// 对模型进行训练
model.fit(
    X = train_iter,       // 训练数据迭代器
    eval_data = val_iter,      // 验证数据迭代器
    kvstore = mx.kvstore.create('dist_async'),  // 创建 kvstore 执行多设备异步通信
    epoch_end_callback = mx.callback.do_checkpoint('model_'))
                                               // 每隔几个迭代次数保存模型的检查点
```

5.1.3 系统实现

上一节主要介绍MXNet的编程接口，接下来主要介绍MXNet的系统实现部分，首先对计算图及其优化进行详细说明，其次介绍引擎部分，最后对可移植性进行详细介绍。

（1）计算图

首先对计算图进行介绍，一个已经赋值的符号表达式可以表示成一个计算图。如图5-1所示是定义的多层感知机的部分计算图，包含forward和backward计算。

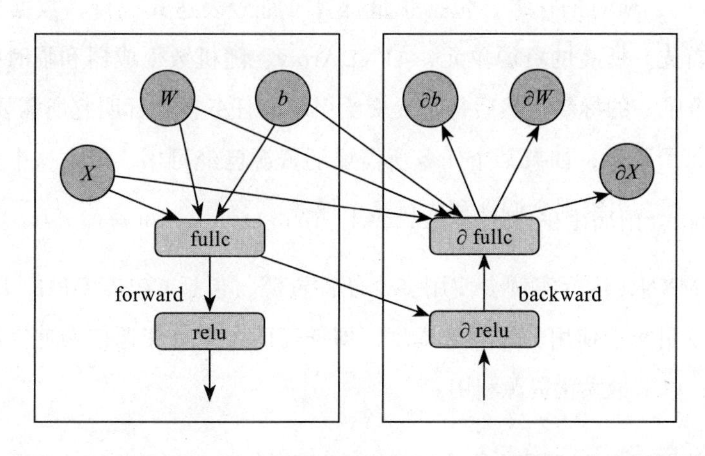

图5-1 多层感知机的部分计算图

图 5-1 中圆表示变量，比如 W 表示权重向量，b 表示偏置，方框表示操作子，fullc 表示全连接，relu 表示激活函数，箭头表示数据依赖关系。在执行之前，MXNet 会对计算图进行优化，以及为所有变量提前申请空间。在这里详细讲一下计算图优化和内存申请。

计算图优化主要有 3 个方面：第一，注意需要提前声明哪些是输出变量，这样就只需要计算这些输出需要的操作。例如，在预测时则不需要计算梯度，所以整个 backward 图都可以忽略。而在特征提取中，可能只需要某些中间层的输出，从而可以忽略后面的计算。第二，可以对一些操作进行合并。例如 a*b+1 只需要一个 BLAS（基础线性代数子程序库）或者 cuda 函数即可，而不需要将其表示成两个操作。第三，可以实现一些“大”操作，如一个卷积层就只需要一个操作子。这样可以大大减小计算图的大小，并且方便手动地对这个操作进行优化。

内存申请：内存通常是一个重要的瓶颈，尤其是对 GPU 和智能设备而言。而神经网络计算时通常需要大量的临时空间，如存储每个层的输入和输出变量。对每个变量都申请一段独立的空间会带来高额的内存开销。但是可以从计算图推断出所有变量的生存期，即这个变量从创建到被使用的时间段，从而可以对两个不交叉的变量重复使用同一内存空间。

（2）引擎

在 MXNet 中，所有的任务，包括张量计算、符号表达式执行、数据通信都会交由引擎来执行。首先，所有的资源单元，如 NDArray、随机数生成器和临时空间，都会在引擎处注册一个唯一的标签。然后每个提交给引擎的任务都会标明它所需要的资源标签。引擎则会跟踪每个资源，如果某个任务所需要的资源已经可用，产生这个资源的上一个任务已经完成，那么引擎则会调度和执行这个任务。

通常一个 MXNet 运行实例会使用多个硬件资源，包括 CPU、GPU、PCIe 通道、网络和磁盘，所以引擎会使用多线程来调度，即任何两个没有资源依赖冲突的任务都可能会被并行执行，以求最大化资源利用。

与通常的数据流引擎不同的是，MXNet 的引擎允许一个任务修改现有的资源。为了保证调度的正确性，提交任务时需要分开标明哪些资源是只读、哪些资源会被修改。这个附加的写依赖可以带来很多便利。例如可以方便实现在numpy以及其他张量库中常见的数组修改操作，同时也使得内存分配时更加容易，比如操作子可以修改其内部状态变量而不需要每次都到内存申请。其次，假如要用同一个种子生成两个随机数，那么可以标注这两个操作会同时修改种子，从而使得引擎不用并行执行，也使得代码的结果可以很好地被重复。

（3）可移植性

轻量和可移植性是MXNet的一个重要目标。MXNet核心使用C++实现，并提供C风格的头文件。因此方便系统移植，也使得其很容易被其他支持C FFI（Foreign Function Interface）的语言调用。此外，还提供一个脚本将MXNet核心功能的代码连同所有依赖打包成一个只有数万行的C++源文件，使得其在一些受限的平台，如智能设备上也可以很方便地编译和使用。

5.1.4 MXNet的关键特性

（1）轻量级调度引擎

MXNet在数据流调度的基础上引入了读写操作调度，并且使得调度和调度对象无关，用以直接支持动态计算和静态计算的统一多GPU多线程调度，使得上层实现更加简洁灵活。

（2）支持符号计算

MXNet支持基于静态计算图的符号计算。计算图不仅使设计复杂网络更加简单快捷，而且基于计算图MXNet可以更加高效地利用内存。同时进一步优化了静态执行的规划，内存需求比cxxnet（并行的深度神经网络计算库）还要少。

（3）混合执行引擎

相比cxxnet的全静态执行、minerva（并行深度学习引擎）的全动态执行，MXNet采用动静态混合执行引擎，可以把 cxxnet 静态优化的效率和 ndarray 动态运行的灵活性结合起来，把高效的 C++ 库更加灵活地与 Python 等高级语言结合在一起。

（4）弹性灵活

在 MShadow C++（其采用表达式模板的技巧增强了 C++ 矩阵库的性能）表达式模板的基础上，符号计算和 NDArray 使得在 Python 等高级语言内编写优化算法、损失函数和其他深度学习组件并高效无缝支持 CPU/GPU 成为可能。用户无需关心底层实现，在符号和 NDArray 层面完成逻辑即可进行高效的模型训练和预测。

（5）代码简洁高效

由于大量使用 C++11 特性，MXNet 可利用最少的代码实现尽可能最大的功能，如用约 11k 行 C++ 代码（加上注释 4k 行）实现了引擎调度、符号计算等核心功能。

（6）开源用户和设计文档

MXNet 提供了非常详细的用户文档和设计文档以及样例，所有的代码都有详细的文档注释，并且会持续更新代码和系统设计细节，希望对广大深度学习系统开发和爱好者有所帮助。

（7）社区活跃度

DMLC（Distributed（Deep）Machine Learning Community）是国内最大的开源分布式机器学习项目。DMLC 的相关代码直接托管在 GitHub（https://github.com/dmlc）中，并采用 Apache 2.0 协议进行维护。

5.2 MXNet 框架安装

下面将介绍 Windows 10/64 位操作系统下 MXNet 的安装步骤。

（1）下载 MXNet

进 入 MXNet 的 GitHub（https://github.com/dmlc/mxnet），将 其 下 载 到 %ROOT_DIR% 目录下并解压（注意：带后缀 @ 的可能在下载的压缩包中没有，单独下载并放在指定位置即可）。如图 5-2 所示。

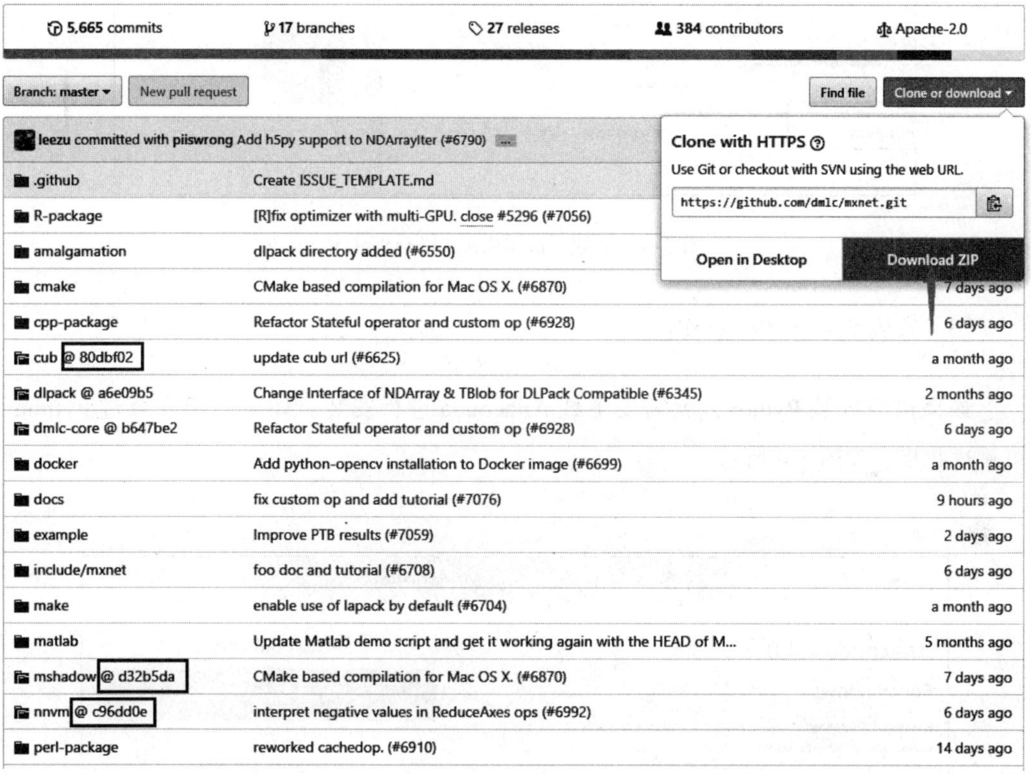

图 5-2　下载 MXNet

（2）下载 OpenBLAS 和 OpenCV

需要安装配置 OpenCV3 和 OpenBLAS，该网盘链接（https://pan.baidu.com/share/init?shareid=3521378751&uk=2788406365，密码为 5qmg）有配置好的 OpenCV3 和 OpenBLAS，可以直接下载放到 %ROOT_DIR%\MXNet\mxnet_thirdparty 路径下，如图 5-3 所示。

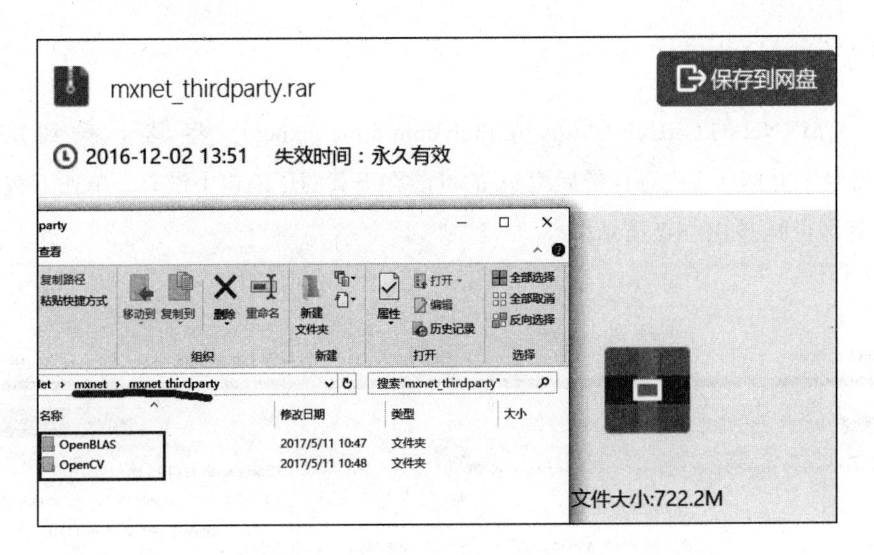

图 5-3　下载 OpenBLAS 和 OpenCV

（3）安装 Python 和 NumPy

如果没有安装 Python，就需要下载 Anaconda 进行安装。如果已经安装过 Python，可跳过此步。如图 5-4 所示。

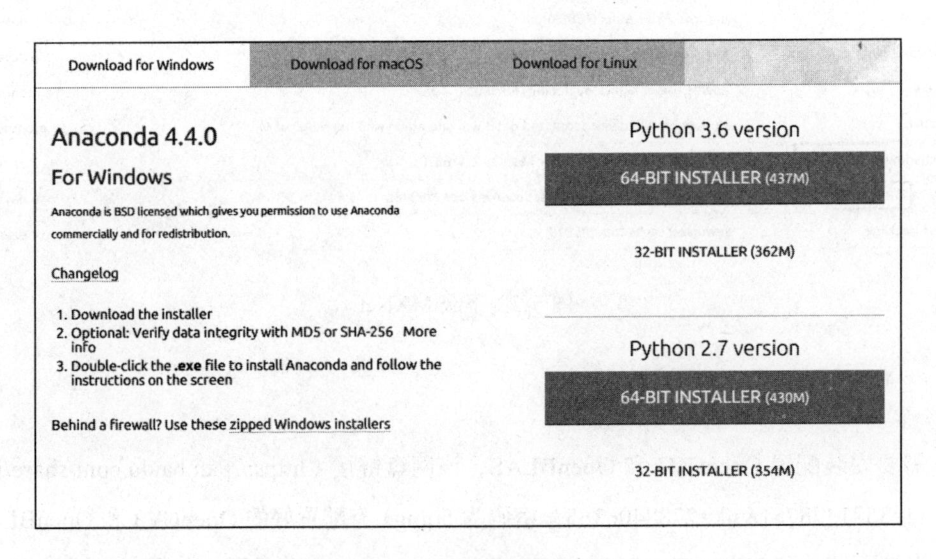

图 5-4　安装 Python

（4）用 CMake 生成 VS 工程

下载并安装最新版的 CMake，官网下载地址为 https://cmake.org/download。然后如图 5-5 所示填写参数并勾选指定项（Grouped 和 Advanced）。指定好 MXNet 所在目录后，同时要指定生成目录为 %ROOT_DIR%/mxnet/build，否则生成的 libmxnet.dll 不在默认目录下。

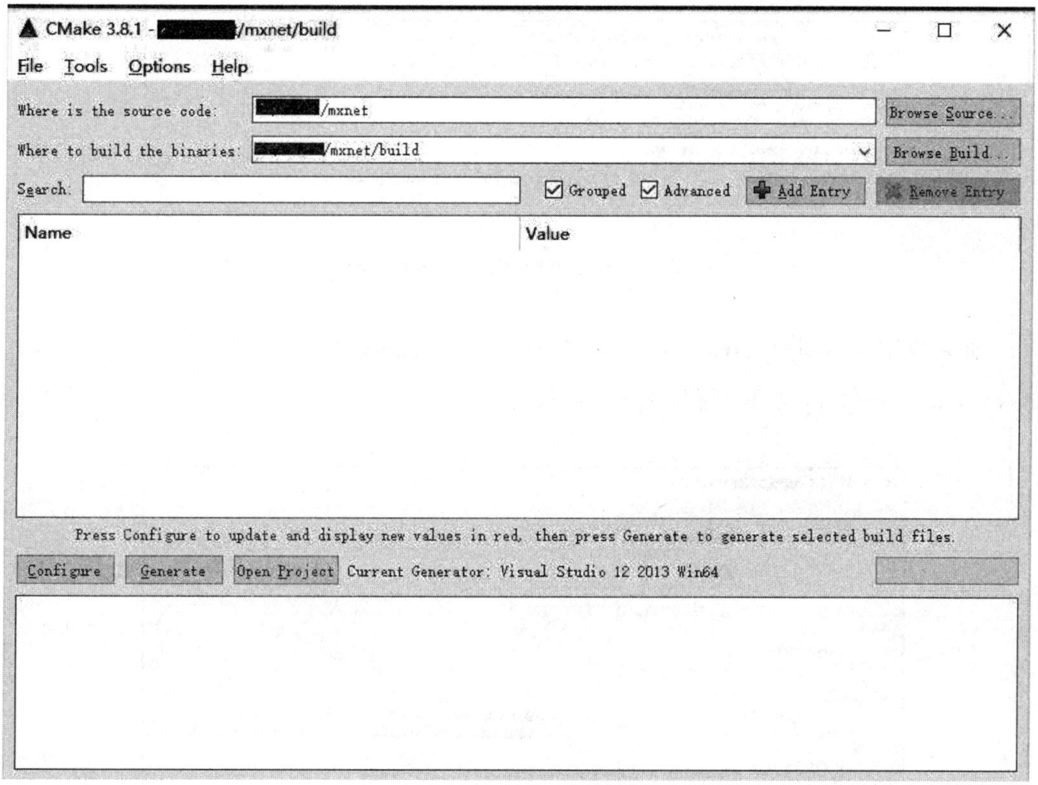

图 5-5　填写编译路径

单击 Configure，Generate 选项中 VS 版本没有强制要求，但需要选择 Win64。在此过程中可能会出现一些错误，需要做以下事情：在 CPU 模式下，如图 5-6 所示去掉 CUDA 和 CUDNN 的勾选；在 GPU 模式下需要勾选（即要安装 CUDA 和 CUDNN）。

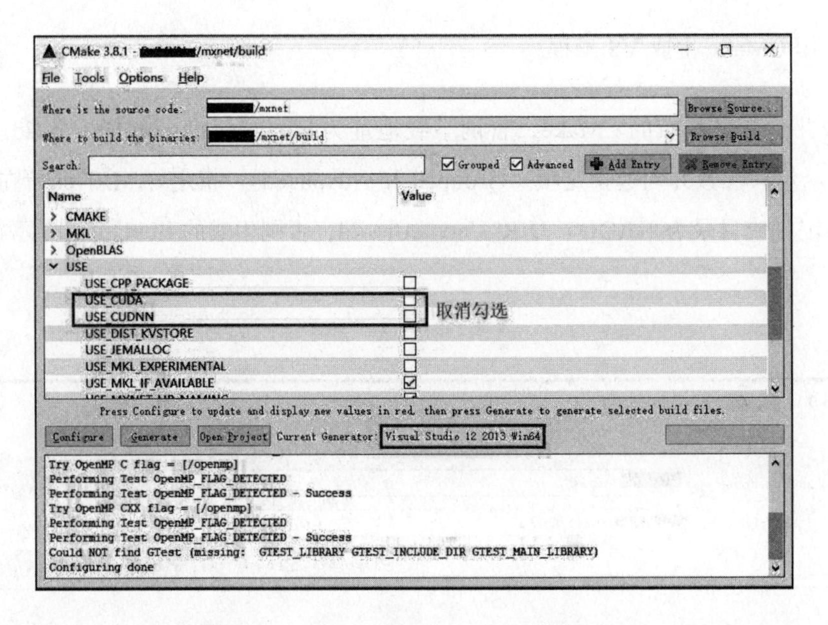

图 5-6 去掉 CUDA 和 CUDNN 的勾选

如果报错找不到 OpenBLAS，就需要手动添加 OpenBLAS 的路径，指定 OpenBLAS 的 include 目录和 lib 文件位置如图 5-7 所示。

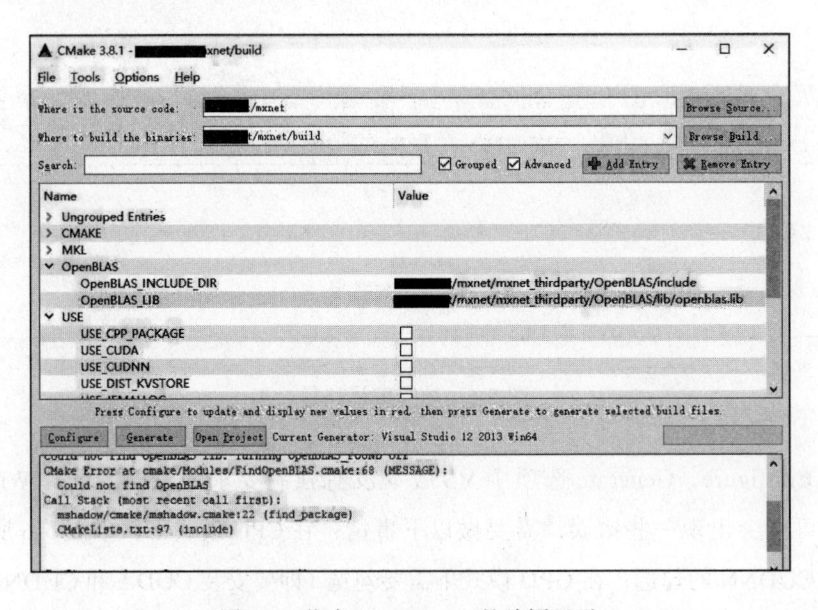

图 5-7 指定 OpenBLAS 的编译目录

之后，单击 Generate 生成 Visual Studio 工程。

（5）编译 MXNet

打开 mxnet.sln，注意编译选项改成 Release、x64 模式，按 Ctrl+Shift+B 键编译所有工程，如图 5-8 所示，生成的 libmxnet.dll 就会出现在 ./build/release 文件夹下。把生成的 libmxnet.dll 文件复制至 %ROOT_DIR%\mxnet\python\mxnet 目录内，如图 5-9 所示。

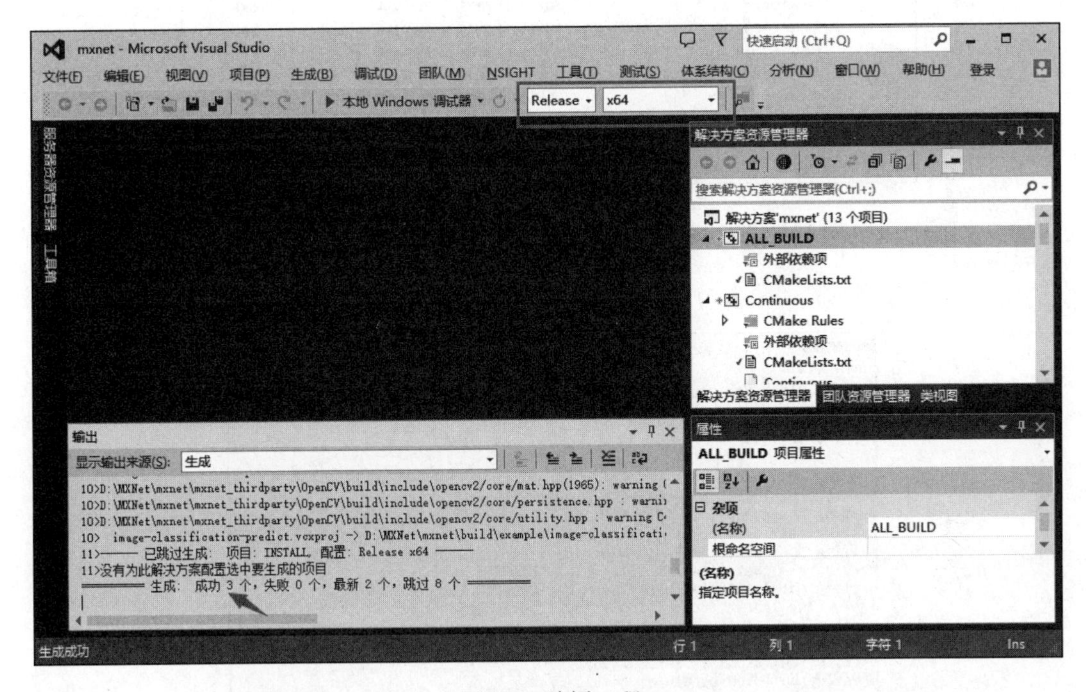

图 5-8 编译工程

（6）配置 MXNet 的 python 包

运行 `cmd`，切换至 %ROOT_DIR%\mxnet\python 目录下，执行 `python setup.py build` 和 `python setup.py install` 语句。如图 5-10 所示。

（7）测试 MXNet 是否安装成功

进入 Python 运行环境，执行 `import mxnet`，如果没有报错则说明安装成功。如图 5-11 所示。

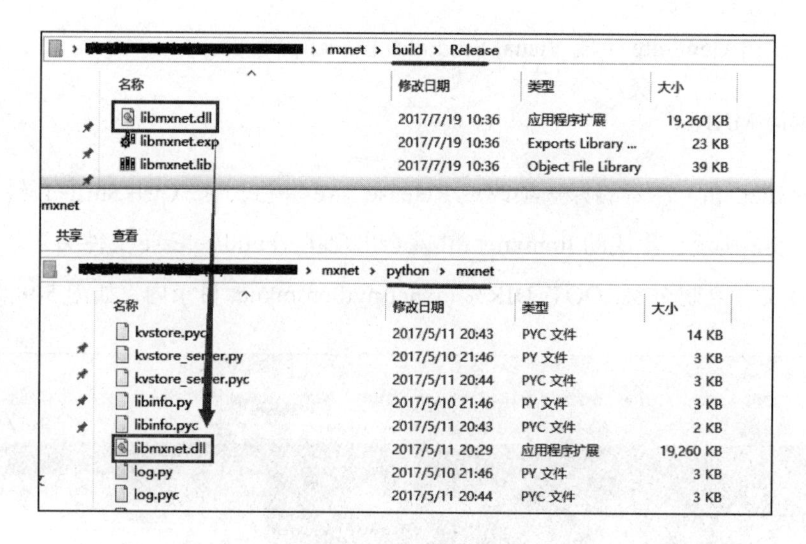

图 5-9　把生成的 libmxnet.dll 文件复制至 Python 目录内

```
\mxnet\python>python setup.py build
running build
running build_py

\mxnet\python>python setup.py install
running install
running bdist_egg
running egg_info
writing requirements to mxnet.egg-info\requires.txt
writing mxnet.egg-info\PKG-INFO
writing top-level names to mxnet.egg-info\top_level.txt
writing dependency_links to mxnet.egg-info\dependency_links.txt
reading manifest file 'mxnet.egg-info\SOURCES.txt'
writing manifest file 'mxnet.egg-info\SOURCES.txt'
installing library code to build\bdist.win-amd64\egg
running install_lib
running build_py
creating build\bdist.win-amd64\egg
creating build\bdist.win-amd64\egg\mxnet
copying build\lib\mxnet\attribute.py -> build\bdist.win-amd64\egg\mxnet
copying build\lib\mxnet\base.py -> build\bdist.win-amd64\egg\mxnet
```

图 5-10　安装 Python 的 mxnet 库

```
\mxnet\python>python
Python 2.7.12 |Anaconda 4.2.0 (64-bit)| (default, Jun 29 2016, 11:07:13) [MSC v.1500
Type "help", "copyright", "credits" or "license" for more information.
Anaconda is brought to you by Continuum Analytics.
Please check out: http://continuum.io/thanks and https://anaconda.org
>>> import mxnet
>>>
```

图 5-11　测试 MXNet 是否安装成功

5.3 基于 MXNet 框架的自然语言处理实现（LSTM）

该实例主要是利用循环神经网络来实现自然语言处理，具体来说就是使用 LSTM 网络（Long Short-Term Memory networks）实现 Penn TreeBank 语言处理模型。Penn TreeBank 是一个对语料进行标注的项目，项目目标包括词性标注以及句法分析。下面主要对实例中使用到的网络和方法进行介绍，主要包括 RNN 和 LSTM 网络的介绍、实例中使用的 Bucketing 方法的介绍等内容。

5.3.1 自然语言处理应用背景

自然语言处理（Natural Language Processing，NLP）是人工智能和语言学领域的分支学科，探讨如何处理及运用自然语言。在该实例中主要实现自然语言处理中的词性标注 Part-of-speech tagging 以及句法分析 Parsing。

词性标注 Part-of-speech tagging 是标记文本（语料库）中单词对应于一种特殊的词类的过程，基于它的定义和上下文，即短语、句子或段落中相邻或相关词之间的关系。列举一个词性标注例子：`{I love you}->{PRONOUN,VERB,PRONOUN}`。在这个例子中，输入层有 3 个时间步，每个时间步输入一个词（实际是输入这个词对应的词向量），词向量的维度可以自己指定，比如 50 维，这个维度也就是输入神经元的个数。输入时，第 1/2/3 个时间步分别输入 I、love、you 的词向量。输出层也有 3 个时间步，每个时间步输出一个向量。词性标注一般会输出一个概率分布，表示当前词的每种词性的概率。比如第一个时间步输入是单词 I 的词向量，那么第一个时间步的输出就是 I 属于各种词性的概率。为简单起见，这里只考虑两种不同的词性（代词和动词），第一时间步的输出有可能是 (0.99,0.01)，表示这个词有 0.99 的可能是一个代词，0.01 的可能是一个动词。以此类推，第 2 和第 3 个时间步分别输出 love 和 you 可能是什么词性。

句法分析 Parsing 是判断输入的单词序列（一般为句子）的构成是否合乎给定的语法规则的过程，并通过构造句法树来确定句子的结构以及各层次句法成分之间的关系，即确定一个句子中的哪些词构成一个短语、哪些词是动词的主语或宾语等问题。用 S 表示句子；NP、VP、PP是名词、动词、介词短语（短语级别）；N、V、P分别是名词、动词、介词，对于“Beijing is located in China”这句话，经过语法分析之后生成的树状结构图如图5-12所示，即(S (NP (N Beijing)) (VP (V is) (VP (V located) (PP (P in) (NP (N China))))))。

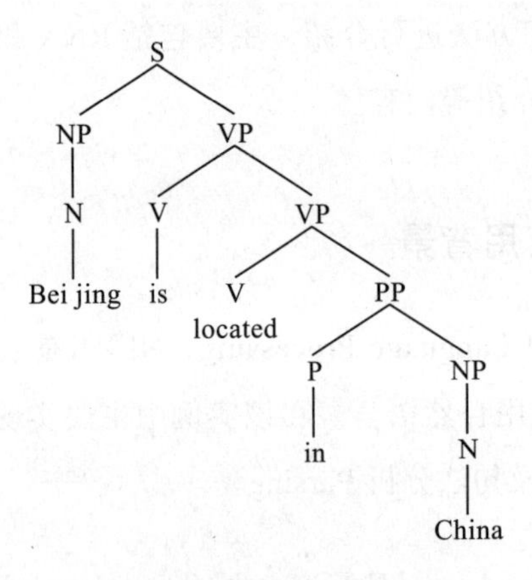

图5-12　句法分析结构图

5.3.2　RNN及LSTM网络

循环神经网络（Recurrent Neural Networks，RNN）主要用来处理序列数据。在传统的神经网络模型中，是从输入层到隐藏层再到输出层，层与层之间是全连接的，每层之间的节点是无连接的，但是这种普通的神经网络对于很多问题却无能为力。例如，在自然语言处理中，预测一个句子中的下一个单词，需要使用前几个句子的背景，同时又需要用到同一个句子中的其他单词，因为一个句子中的单词并不是独立的，这相当于层与层之间相连接，同时同一层节点之间也具有连接关系。RNN可以很好地处理这种问题。其具体的表现形式为网络会对前面的信息进行记忆并应用于当前输出的计算中，即隐藏层之间的节点是有连接的，并且隐藏层的输入不仅包括输入层，还包括上一时刻隐藏层的输出。理论上，RNN能够对任意长度的序列数据进行处理。但是在实践中，为了降低复杂性往往假设当前的状态只与前面的几个状态相关。如图5-13所示便是一个典型的RNN。

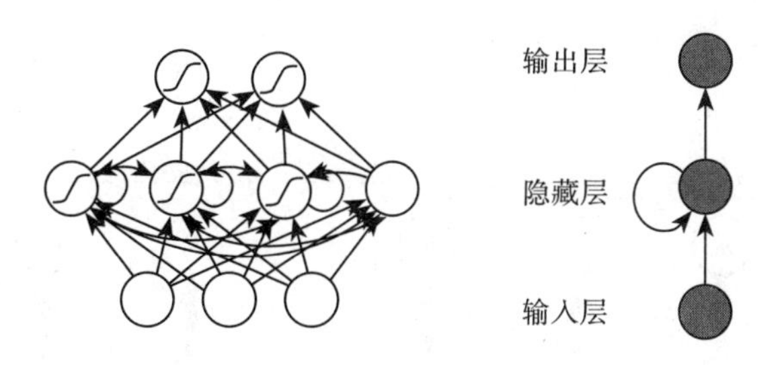

图 5-13　典型的 RNN

RNN 与传统神经网络最大的区别是具有循环结构，如图 5-14a 所示，一组神经网络 A，接收输入参数 X_t，输出为 h_t，循环结构 A 在学习过程中保留上一时刻信息并对下一时刻做出影响。这样的循环结构类似于将神经网络展开成多个相同的神经网络，如图 5-14b 所示。

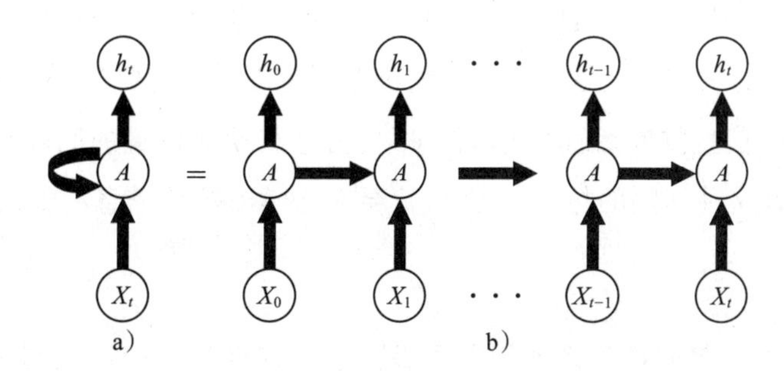

图 5-14　展开的循环神经网络

这种链状性质表明，递归神经网络与序列内容密切相关。因此，递归神经网络是处理具有序列特征数据的自然结构。

RNN 强调将前期信息与当前任务连接，即根据前期信息辅助对当前信息的理解。在实际情况中，任务性能与任务规模密切相关。在简单任务中，只需要结构简单的模型即可达到理想状态。比如考虑一个语言模型，试图根据之前单词预测下一个。例如“the clouds are in the sky”这句话，如果已经知道前面的内容“the clouds are in the”，想要预测这句话中的最后一个单词，则不需要更多的上下文，很明显下一个单词会是“sky”。在这种情况下，如果相关信息与预测位置的间隔比较小，RNN 可以学会使用之前的信息，如图 5-15 的方框所示。

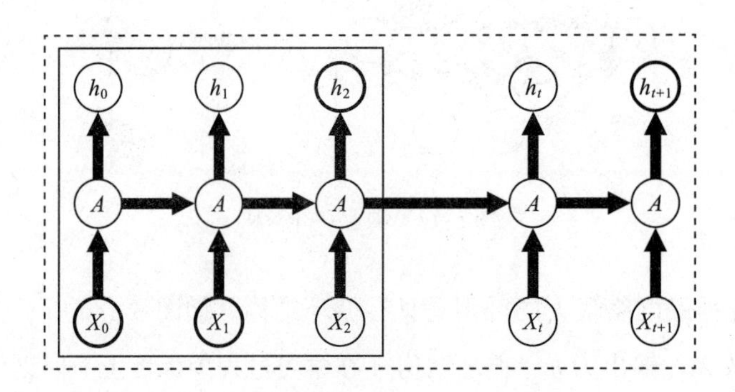

图 5-15　相关信息与预测位置的间隔

但也有需要更多上下文的情况。当考虑试图预测“I grew up in France… I speak fluent French.”这一段内容中最后一个词时，由最近信息“I speak fluent”可知下一个词可能是一门语言的名字，但是如果想要缩小选择范围，就需要包含“France”的那段上下文，从前面的信息推断后面的单词。相关信息与预测位置的间隔很大是完全有可能的。然而，随着这种间隔的拉长，RNN 就会无法学习连接信息，如图 5-15 的虚线框所示。

为了解决这种长期依赖关系的问题，提出了 LSTM 长短期记忆网络，它是一种特殊的 RNN，能够学习长期依赖关系。所有 RNN 都具有一种重复神经网络模块的链式的形式。在标准的 RNN 中，这个重复的模块只有一个非常简单的结构，如一个 tanh 层。LSTM 同样是这样的结构，但是重复的模块拥有不同的结构，不同于单一神经网络层，而是一个判断信息有用与否的“处理器”，这个处理器作用的结构被称为 LSTM Cell。LSTM 的关键就是 LSTM Cell 的状态，在图 5-16 上方贯穿运行的水平线 $C_{t-1}C_t$。LSTM Cell 状态类似于传送带，直接在整个链上运行，因为只有一些线性交互，信息很容易在上面传送并保持不变。LSTM 通过“门”结构来去除或者增加信息到 LSTM Cell 状态，门是一种让信息选择式通过的方法。一个 LSTM Cell 当中被放置了三扇门，分别叫作输入门、遗忘门和输出门。一个信息进入 LSTM 网络当中，可以根据规则来判断是否有用。只有符合算法认证的信息才会留下，不符合的信息则通过遗忘门被遗忘。

在图 5-16 中，每一条黑色带箭头的线上传输着一个向量，从一个节点的输出到其他节点的输入，带有“+”的圆圈代表两个向量的或操作，由“×”标志的圆圈代表两个向量的与操作。灰色的矩形代表使用不同的激活函数操作。合在一起的线表示向量的连接，分开的线表示内容被复制，然后分发到不同的位置。

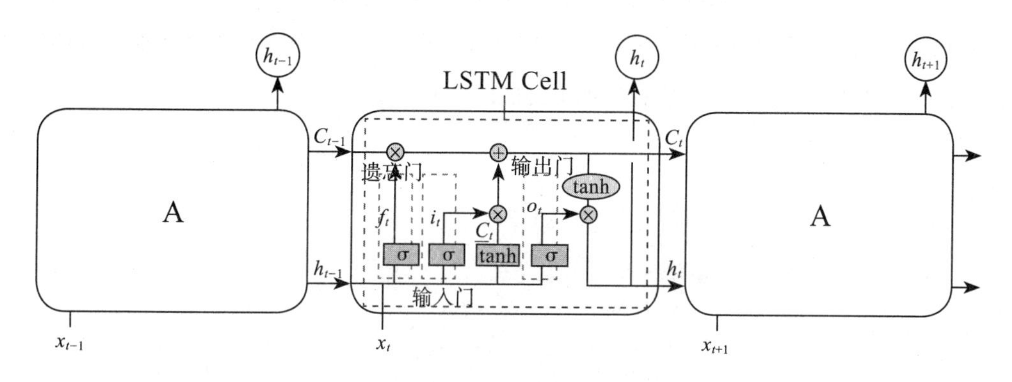

图 5-16　LSTM 网络

5.3.3　Bucketing 及不同长度的序列训练

在实例中使用了 Bucketing 方法实现不同序列长度的训练，现在介绍 Bucketing 的用法。Bucketing 是一种训练多个不同但又具有相似结构的人工神经网络，这些网络共享相同的参数集。RNN 是一个典型的 Bucketing 方法的应用。在使用符号网络定义的工具箱中实现 RNN 时，通常会将网络沿时间轴显式地展开，并且需要提前设置 RNN 中序列的长度。为了处理序列中的所有元素，需要将网络展开成最大可能的序列长度。然而这很浪费资源，因为对于较短的序列，大部分计算都是在填充后的数据上执行的。

Bucketing 不再将网络展开成最大可能长度，而是展开成多个不同长度的实例（比如，长度为 5、10、20、30）。在训练过程中，对于不同长度的数据使用最恰当的展开模型。对于 RNN，尽管这些模型具有不同的架构，但参数在时间轴上是共享的。尽管选出的是不同 Bucketing 的模型并以不同的最小批来训练，但本质上都是在优化相同的参数集。

在 RNN 中，不同样本数据的序列长度 T 往往是不同的，这就导致无法进行向量化，正如上面说到的，常见的解决方法就是使用一个特定的数把序列长度短的数据进行补齐。而使用 Bucketing 方法更为合理。如图 5-17 所示，对于不同序列长度，Bucketing 的做法是实现了几个固定长度的 RNN，例如 10、20、30 等。其中序列长度小于或等于 10 的样本，输入到第一个网络中，同理，序列长度大于 10 小于 20 的样本输入到第二个网络中，这里非常关键的一点是 Bucketing 大小不同的 RNN 一定要进行权值共享。也就是说，Bucketing=10 的参数要与 Bucketing=20 的 RNN 的前 10 个时间步的参数共享，其他的同理。在训练的时候，每一个分块数据的 Bucketing 大小是相同的。

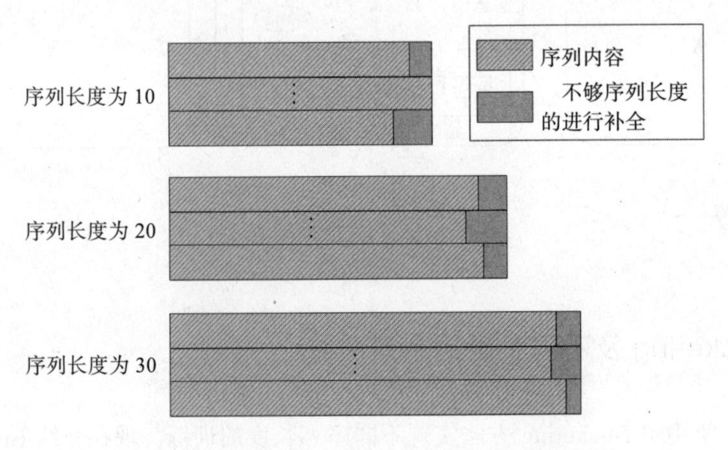

图 5-17 使用 Bucketing 方法处理不同长度序列

在该实例中，使用 PennTreeBank 语料库作为语言模型。本实例将介绍如何使用 Bucketing 来实现变长序列训练。使用 Bucketing 方法，需要实现为不同长度的序列构建新的展开的符号架构。使用固定的 Symbol 模型无法实现这个目的，于是使用回调函数 sym_gen，根据不同的序列长度 seq_len 展开并生成不同的 Symbol 模型，sym_gen 函数只有一个输入参数 Bucketing 值，即序列长度 seq_len。sym_gen 函数的具体代码实现如下：

```
def sym_gen(seq_len):
    data = mx.sym.Variable('data')
    label = mx.sym.Variable('softmax_label')
    embed = mx.sym.Embedding(data=data, input_dim=len(vocab),
                             output_dim=args.num_embed, name='embed')
    stack.reset()
    outputs,states= stack.unroll(seq_len,inputs=embed,merge_outputs=True)
```

```
    pred = mx.sym.Reshape(outputs, shape=(-1, args.num_hidden))
    pred = mx.sym.FullyConnected(data=pred, num_hidden=len(vocab), name='pred')
    label = mx.sym.Reshape(label, shape=(-1,))
    pred = mx.sym.SoftmaxOutput(data=pred, label=label, name='softmax')
    return pred, ('data',), ('softmax_label',)
```

在完成回调函数 sym_gen 的定义后，还需要将回调函数进行注册。根据 sym_gen 函数生成的 Symbol，MXNet 的 module 模块的 BucketingModule 模块创建不同序列长度的 Symbol 模型，BucketingModule 方法需要的输入参数是自定义的回调函数 sym_gen、默认的 Bucketing 值，该模块根据不同的序列长度值交由 MXNet 框架创建多个 Symbol 模型，并共享网络中的权重参数，BucketingModule 方法调用代码如下所示。

```
model = mx.mod.BucketingModule(sym_gen = sym_gen,
                default_bucket_key = data_train.default_bucket_key,
                context = contexts)
```

数据迭代器 data_train 需要报告默认的 Bucketing 值，实际是最大的 Bucketing 值，预先分配最大的 Bucketing 值可以实现更好的内存共享。当出现新的不同长度的序列时，如果该序列长度对应的执行器还没有创建，将由 sym_gen 函数以序列长度即 Bucketing 值为参数生成 Symbol，构建对应的执行器，该执行器将放在缓存中以便之后使用。

在本实例中使用静态配置的 Bucketing，即 buckets = [10,20,30,40,50,60]，或者让 MXNet 根据数据集自动生成 Bucketing，即 buckets = []。后一种方法是通过添加一个与输入长度相同的 Bucketing（Bucketing 足够长）来实现的。

5.3.4 详细代码实现

```
# 导入需要的模块
# numpy 只保存数值，用于数值运算
import numpy as np
# 导入 MXNet 包
import mxnet as mx
# 导入解析命令行参数和选项的模块
import argparse
```

命令行解释函数 argparse.ArgumentParser() 可添加用户自定义的参数选项，在本实例中，可以通过命令行参数设置 num-layers 网络层数、num-hidden 隐藏层单元数、num-embed 嵌入层单元数、gpus 设备、kv-store 键值对存储类型、num-epochs 迭代次数、lr 学习率、optimizer 优化、mom 动量、wd 权重衰退系数、batch-size 块大小、disp-batches 显示日志频率。

```
# 创建解析对象
parser = argparse.ArgumentParser(description = "Train RNN on Penn Tree Bank",
                  formatter_class = argparse.ArgumentDefaultsHelpFormatter)
# add_argument()用来指定程序需要接收的命令参数
# num-layers，添加的 RNN 层数，int 类型，默认是 2 层
parser.add_argument('--num-layers', type = int, default = 2,
                       help = 'number of stacked RNN layers')
# num-hidden，隐藏层大小，int 类型，默认值是 200
parser.add_argument('--num-hidden', type = int, default = 200,
                       help = 'hidden layer size')
# num-embed，嵌入层大小，int 类型，默认值是 200
parser.add_argument('--num-embed', type = int, default =200,
                       help = 'embedding layer size')
# gpus 列表，如果为空使用 CPU
parser.add_argument('--gpus', type = str,
                       help = 'list of gpus to run, e.g. 0 or 0,2,5. empty means
                       using cpu. ' \
                       'Increase batch size when using multiple gpus for best
                       performance.')
# kv-store，键值对存储类型
parser.add_argument('--kv-store', type = str, default = 'device',
                       help = 'key-value store type')
# num-epochs，迭代最大次数，默认值 25
parser.add_argument('--num-epochs', type = int, default = 25,
                       help = 'max num of epochs')
# lr，初始学习率，默认值 0.01
parser.add_argument('--lr', type = float, default = 0.01,
                       help = 'initial learning rate')
# optimizer，优化，默认是 sgd
parser.add_argument('--optimizer', type = str, default = 'sgd',
                       help = 'the optimizer type')
# mom，动量，默认 0.0
parser.add_argument('--mom', type = float, default = 0.0,
                       help = 'momentum for sgd')
# wd，sgd 的权重衰退系数，默认值 0.0001
parser.add_argument('--wd', type = float, default = 0.00001,
                       help = 'weight decay for sgd')
# batch-size，默认是 32
parser.add_argument('--batch-size', type = int, default = 32,
                       help = 'the batch size.')
# disp-batches，显示每 n 个批次的进度
```

```
parser.add_argument('--disp-batches', type = int, default = 50,
                    help = 'show progress for every n batches')
```

定义函数 tokenize_text 实现编码功能，按行读取指定文件放入列表，并按空格划分每行文本为单词列表，再使用 RNN 模型自带的 encode_sentences() 函数对单词进行编码，建立从字符标记到整数的索引，并创建词汇表。

```
def tokenize_text(fname, vocab = None, invalid_label = -1, start_label = 0):
    # 按行读取指定文本，并放入列表 lines 中
    lines = open(fname).readlines()
    # 循环读取列表 lines，按空格划分文本行内容为单词列表，并用 filter() 函数过滤列表
    lines = [filter(None, i.split(' ')) for i in lines]
    #encode_sentences() 对数据进行编码，建立从单词到整数的索引
    # 从单词列表得到整数列表。初始未知的单词将添加到词汇表 vocab 中
    sentences, vocab = mx.rnn.encode_sentences(lines,
                                               vocab = vocab,
                                               invalid_label = invalid_label,
                                               start_label = start_label)
    return sentences, vocab
```

如果是在命令行直接执行该脚本，__name__ 值就是 __main__，如果这个脚本是被 import 的话，就不会执行这里的代码。

```
if __name__ == '__main__':
    # 引入 logging 包记录日志
    import logging
    # 设置日志信息的格式
    head = '%(asctime)-15s %(message)s'
    # 通过 logging.basicConfig 函数对日志的输出格式及方式做相关配置
    logging.basicConfig(level = logging.DEBUG, format = head)
    # 调用 parse_args() 方法进行参数解析
    args = parser.parse_args()
```

Bucketing 是一种训练多个不同但又具有相似结构的人工神经网络，这些网络共享相同的参数集。在训练过程中，对于不同长度的数据，使用最恰当的展开模型。如果使用 buckets = []，则 MXNet 根据数据集自动生成。

```
# 使用静态配置的 bucket
buckets = [10, 20, 30, 40, 50, 60]
start_label = 1
invalid_label = 0
# 调用 tokenize_text() 函数对训练数据进行编码，并生成词汇表 vocab
```

```
train_sent, vocab = tokenize_text("./data/ptb.train.txt",
                                  start_label = start_label,
                                  invalid_label = invalid_label)
# 调用 tokenize_text() 函数对验证数据进行编码，使用生成的词汇表进行编码
val_sent, _ = tokenize_text("./data/ptb.test.txt",
                                  vocab = vocab,
                                  start_label = start_label,
                                  invalid_label = invalid_label)
# 使用 RNN 模型自带的语言模型的语句序列迭代器 BucketSentenceIter
# 生成训练数据迭代器和验证数据迭代器
data_train  = mx.rnn.BucketSentenceIter(train_sent,
                                        args.batch_size,
                                        buckets = buckets,
                                        invalid_label = invalid_label)
data_val    = mx.rnn.BucketSentenceIter(val_sent,
                                        args.batch_size,
                                        buckets = buckets,
                                        invalid_label = invalid_label)
```

使用 RNN 模型自带的 SequentialRNNCell() 函数来连续添加 RNN 单元，Sequential RNNCell 的 add(cell) 函数实现添加 cell 网络单元到 stack 中，add(cell) 函数的 cell 参数属性是 BaseRNNCell，基本的 RNN 单元有：LSTMCell，Long-Short Term Memory (LSTM) 网络单元；GRUCell，Gated Rectified Unit (GRU) 网络单元；RNNCell，简单的循环网络单元。在本实例中添加的是 LSTMCell。

```
stack = mx.rnn.SequentialRNNCell()
# 根据定义的网络层数，在每层添加 LSTMCell 单元
for i in range(args.num_layers):
    stack.add(mx.rnn.LSTMCell(num_hidden = args.num_hidden,
                              prefix = 'lstm_l%d_'%i))
```

定义函数 sym_gen，为不同长度的序列构建一个新的展开的符号架构，该函数只有一个输入即序列长度 bucket_key 或 seg_len；并为这个序列返回一个 Symbol，该 Symbol 用于创建训练模型。

```
def sym_gen(seq_len):
    # 创建一个用于输入数据和标签的 PlaceHolder 变量（占位符）
    data = mx.sym.Variable('data')
    label = mx.sym.Variable('softmax_label')
```

使用 MXNet 的 Symbol 的 Embedding() 函数将原始 One-Hot 编码的词（长度为词库大小）映射到低维向量表达，降低特征维数，比如词库是 8000 维，每个词只有一个位置

是 1，其余位置都是 0，即非常稀疏的向量。调用 Embedding 后可以将其降到低维度的空间下进行运算。经过 Embedding（词嵌入）之后，长达数十万的稀疏 vector 被映射到数百维的稠密 vector，这个稠密 vector 的每一个特征可以认为是有实际意义的，比如单复数、名词动词等。

```
# data 为原始编码的词，input_dim 为词汇维度，output_dim 为嵌入后的维数
embed = mx.sym.Embedding(data = data,
                         input_dim = len(vocab),
                         output_dim = args.num_embed,
                         name = 'embed')
# 在重新使用单元绘制另一个图形之前重置
stack.reset()
```

使用 RNN 模型的 unroll 函数根据时间步展开 RNN 单元，序列的长度即为要展开的步数，该层的输入是上一层的输出，如果 merge_outputs 的参数值为 True，合并各个时间步的输出并返回一个 Symbol，状态 state 是展开之后 RNN 的新状态。

```
outputs, states = stack.unroll(seq_len, inputs = embed, merge_outputs = True)
```

使用 Symbol 的 Reshape 函数重组数组，维数为“-1”表示通过使用输入维数的剩余部分来保持输出的维数，使新数组的大小与输入数组的大小保持一致。比如 input shape = (2,3,4), shape = (-1,), output shape = (24,)。

```
    pred = mx.sym.Reshape(outputs, shape = (-1, args.num_hidden))
    # 建立全连接层
    pred = mx.sym.FullyConnected(data = pred, num_hidden = len(vocab), name =
    'pred')
    # 重组标签数据
    label = mx.sym.Reshape(label, shape = (-1,))
    # SoftmaxOutput，softmax 输出层
    pred = mx.sym.SoftmaxOutput(data = pred, label = label, name = 'softmax')
    return pred, ('data',), ('softmax_label',)
# 选择 GPU 或 CPU 设备
if args.gpus:
    contexts = [mx.gpu(int(i)) for i in args.gpus.split(',')]
else:
    contexts = mx.cpu(0)
```

使用 MXNet 的 module 模块的 BucketingModule 模块创建训练模型，BucketingModule 模块有助于处理不同长度的输入。

```
model = mx.mod.BucketingModule(
                    #用当前的 bucket 值调用 sym_gen 函数，返回一个 Symbol
                    sym_gen = sym_gen,
                    #默认的 bucket 值
                    default_bucket_key = data_train.default_bucket_key,
                    context = contexts)
#使用 module 的 fit() 函数训练模型
model.fit(
    # train_data 设置训练迭代器
    train_data = data_train,
    # val_data 设置测试迭代器
    eval_data = data_val,
    #在训练时报告困难度，invalid_label 在计算时忽略无效标记的索引
    #默认情况下，设置为 -1。如果设置为 None，它将包括所有条目
    eval_metric = mx.metric.Perplexity(invalid_label),
    kvstore = args.kv_store,
    #用随机梯度下降优化
    optimizer = args.optimizer,
    optimizer_params = { 'learning_rate': args.lr,  # 优化参数：学习率
                         'momentum': args.mom,      # 优化参数：动量
                         'wd': args.wd },           # 优化参数：权重衰减系数
#初始化器被调用来初始化模块参数，当它们还没有初始化时
initializer = mx.init.Xavier(factor_type = "in", magnitude = 2.34),
#训练的迭代次数
num_epoch = args.num_epochs,
#定期对训练速度和评估指标进行日志记录
# disp_batches 指定记录训练速度和评估指标的频率。默认每 50 个 batch 记录一次
batch_end_callback = mx.callback.Speedometer(args.batch_size, args.disp_
                                     batches))
```

在本实例中，主要是使用MXNet的RNN模块实现的。实例中使用的RNN模块是MXNet自带的，所以用户直接使用即可。实例代码主要分为3大部分，第一部分是数据，首先获取数据，对数据进行预处理即分词处理，再使用RNN的BucketSentenceIter语句迭代器生成数据迭代器；第二部分是创建网络，本实例是根据网络层数添加LSTMCell单元；第三部分是生成模型并训练及测试，在本实例中，需要根据序列长度生成不同的训练模型，在生成模型的时候，对数据进行嵌入使其降维，并将网络进行展开，在模型创建好之后对模型进行训练和测试，该过程主要通过fit()函数实现。用户如果需要创建网络处理自己的数据，需要重点修改数据部分和创建网络部分，在模型创建并训练和测试部分不需要进行太大的改变，不过需要根据实际情况修改学习率、迭代次数等。

5.3.5 实验过程及实验结果分析

1. 实验过程分析

（1）`lines = open(fname).readlines()`

使用 open() 函数打开指定文本，再使用 readlines() 函数按行读取文本，并将读取到的内容放入列表 lines 中，将列表 lines 中的内容按行输出，如图 5-18 所示。在本实例中，训练文本 ptb.train.txt 的总行数是 42068，验证文本 ptb.test.txt 的总行数是 3761。

```
按行读取数据：
 aer banknote berlitz calloway centrust cluett fromstein gitano guterman hydro-quebec ipo
 kia memotec mlx nahb punts rake regatta rubens sim snack-food ssangyong swapo wachter

 pierre <unk> N years old will join the board as a nonexecutive director nov. N

 mr. <unk> is chairman of <unk> n.v. the dutch publishing group

 rudolph <unk> N years old and former chairman of consolidated gold fields plc was named
a nonexecutive director of this british industrial conglomerate
```

图 5-18　按行读取数据

（2）`lines = [filter(None, i.split(' ')) for i in lines]`

使用 for 循环读取列表 lines，再使用 split() 函数按空格划分每行文本内容，并用 filter() 函数过滤掉划分后为空的内容，即可得到划分后的单词序列，实现分词，将列表 lines 中具体内容按行输出，如图 5-19 所示。文本的行数保持不变。

```
按空格对数据进行分词：
['aer', 'banknote', 'berlitz', 'calloway', 'centrust', 'cluett', 'fromstein', 'gitano', '
guterman', 'hydro-quebec', 'ipo', 'kia', 'memotec', 'mlx', 'nahb', 'punts', 'rake', 'rega
tta', 'rubens', 'sim', 'snack-food', 'ssangyong', 'swapo', 'wachter']


['pierre', '<unk>', 'N', 'years', 'old', 'will', 'join', 'the', 'board', 'as', 'a', 'none
xecutive', 'director', 'nov.', 'N']


['mr.', '<unk>', 'is', 'chairman', 'of', '<unk>', 'n.v.', 'the', 'dutch', 'publishing', '
group']
```

图 5-19　数据分词

（3）`sentences, vocab = mx.rnn.encode_sentences(lines, vocab = vocab,`
```
                                     invalid_label = invalid_label,
                                     start_label = start_label)
```

使用MXNet的RNN模型中encode_sentences()函数对列表lines中已经分词的单词序列进行编码，得到单词序列对应的整数序列，sentences的内容如图5-20所示。

```
对数据进行编码:
[1, 2, 3, 4, 5, 6, 7, 8, 9, 10, 11, 12, 13, 14, 15, 16, 17, 18, 19, 20, 21, 22, 23, 24, 0]

[25, 26, 27, 28, 29, 30, 31, 32, 33, 34, 35, 36, 37, 38, 27, 0]

[39, 26, 40, 41, 42, 26, 43, 32, 44, 45, 46, 0]
```

图5-20　编码数据

在对训练文本编码的过程中，将未知的词汇加入vocab中，生成词汇表vocab，vocab的内容如图5-21所示。生成的vocab词汇表是在训练数据中生成的，对测试文本编码就是根据vocab词汇表对单词进行编码。

```
从训练数据生成的词汇表:
aided:9551
yellow:2934
del.:4745
four:199
woods:9497
resisted:7410
increase:705
```

图5-21　生成的词汇表

2. 实验结果分析

在结果分析中，本实例使用困难度Perplexity来评价模型分析数据性能的好坏，困难度Perplexity是测量概率分布或模型预测样本的好坏程度，较低的困难度则表明模型能很好地预测样本。下面是困难度模型Perplexity的定义：

$$\text{Perplexity}=\exp\left(-\frac{1}{N}\sum_{i=1}^{N}\log q\left(x_i\right)\right)$$

其中，N表示样本的个数，$q(x_i)$是第i个样本x_i在实际标签下的预测值。

下面具体展示网络在训练过程中困难度的变化情况以及实验测试情况。图5-22和图5-23分别是第1次迭代和第25次（最后一次）迭代时网络的训练速度、训练时间以及训练的困难度的信息。

```
2017-08-07 15:20:40,780 Epoch[0] Batch [50]     Speed: 117.38 samples/sec     Train-Perplexity=5679.860328
2017-08-07 15:20:53,394 Epoch[0] Batch [100]    Speed: 126.85 samples/sec     Train-Perplexity=2686.906182
2017-08-07 15:21:06,803 Epoch[0] Batch [150]    Speed: 119.31 samples/sec     Train-Perplexity=2252.332191
2017-08-07 15:21:21,053 Epoch[0] Batch [200]    Speed: 112.28 samples/sec     Train-Perplexity=1781.096952
2017-08-07 15:21:34,072 Epoch[0] Batch [250]    Speed: 122.93 samples/sec     Train-Perplexity=1506.176826
2017-08-07 15:21:48,542 Epoch[0] Batch [300]    Speed: 110.57 samples/sec     Train-Perplexity=1365.519241
2017-08-07 15:22:01,634 Epoch[0] Batch [350]    Speed: 122.21 samples/sec     Train-Perplexity=1307.552276
2017-08-07 15:22:15,721 Epoch[0] Batch [400]    Speed: 113.57 samples/sec     Train-Perplexity=1236.577902
2017-08-07 15:22:29,986 Epoch[0] Batch [450]    Speed: 112.18 samples/sec     Train-Perplexity=1166.550204
2017-08-07 15:22:43,542 Epoch[0] Batch [500]    Speed: 118.03 samples/sec     Train-Perplexity=1135.977028
2017-08-07 15:22:57,269 Epoch[0] Batch [550]    Speed: 116.56 samples/sec     Train-Perplexity=1072.692720
2017-08-07 15:23:09,736 Epoch[0] Batch [600]    Speed: 128.35 samples/sec     Train-Perplexity=1106.414791
2017-08-07 15:23:22,710 Epoch[0] Batch [650]    Speed: 123.32 samples/sec     Train-Perplexity=1065.384614
2017-08-07 15:23:36,118 Epoch[0] Batch [700]    Speed: 119.34 samples/sec     Train-Perplexity=1016.335341
2017-08-07 15:23:49,608 Epoch[0] Batch [750]    Speed: 118.62 samples/sec     Train-Perplexity=1001.816209
2017-08-07 15:24:05,187 Epoch[0] Batch [800]    Speed: 102.70 samples/sec     Train-Perplexity=992.571254
2017-08-07 15:24:19,302 Epoch[0] Batch [850]    Speed: 113.36 samples/sec     Train-Perplexity=962.992582
2017-08-07 15:24:33,305 Epoch[0] Batch [900]    Speed: 114.26 samples/sec     Train-Perplexity=973.689953
2017-08-07 15:24:48,125 Epoch[0] Batch [950]    Speed: 107.97 samples/sec     Train-Perplexity=973.316395
2017-08-07 15:25:01,813 Epoch[0] Batch [1000]   Speed: 116.88 samples/sec     Train-Perplexity=936.811276
2017-08-07 15:25:14,490 Epoch[0] Batch [1050]   Speed: 126.22 samples/sec     Train-Perplexity=971.603665
2017-08-07 15:25:29,920 Epoch[0] Batch [1100]   Speed: 103.70 samples/sec     Train-Perplexity=889.673644
2017-08-07 15:25:44,635 Epoch[0] Batch [1150]   Speed: 108.73 samples/sec     Train-Perplexity=910.955112
2017-08-07 15:26:00,046 Epoch[0] Batch [1200]   Speed: 103.83 samples/sec     Train-Perplexity=882.189036
2017-08-07 15:26:12,980 Epoch[0] Batch [1250]   Speed: 123.70 samples/sec     Train-Perplexity=908.777351
2017-08-07 15:26:27,085 Epoch[0] Batch [1300]   Speed: 113.44 samples/sec     Train-Perplexity=893.048748
2017-08-07 15:26:29,076 Epoch[0] Train-Perplexity=857.744973
2017-08-07 15:26:29,078 Epoch[0] Time cost=362.178
2017-08-07 15:26:43,315 Epoch[0] Validation-Perplexity=859.162593
```

图 5-22 第 1 次迭代

```
2017-08-07 17:59:20,476 Epoch[24] Batch [50]     Speed: 107.01 samples/sec     Train-Perplexity=210.529209
2017-08-07 17:59:35,724 Epoch[24] Batch [100]    Speed: 104.94 samples/sec     Train-Perplexity=228.948939
2017-08-07 17:59:49,698 Epoch[24] Batch [150]    Speed: 114.51 samples/sec     Train-Perplexity=214.447025
2017-08-07 18:00:03,013 Epoch[24] Batch [200]    Speed: 120.17 samples/sec     Train-Perplexity=228.256333
2017-08-07 18:00:16,875 Epoch[24] Batch [250]    Speed: 115.44 samples/sec     Train-Perplexity=210.194951
2017-08-07 18:00:31,354 Epoch[24] Batch [300]    Speed: 110.51 samples/sec     Train-Perplexity=210.654526
2017-08-07 18:00:45,739 Epoch[24] Batch [350]    Speed: 111.23 samples/sec     Train-Perplexity=216.386501
2017-08-07 18:00:59,819 Epoch[24] Batch [400]    Speed: 113.64 samples/sec     Train-Perplexity=215.306353
2017-08-07 18:01:13,019 Epoch[24] Batch [450]    Speed: 121.22 samples/sec     Train-Perplexity=222.858726
2017-08-07 18:01:25,667 Epoch[24] Batch [500]    Speed: 126.50 samples/sec     Train-Perplexity=214.704402
2017-08-07 18:01:41,079 Epoch[24] Batch [550]    Speed: 103.82 samples/sec     Train-Perplexity=219.044652
2017-08-07 18:01:55,740 Epoch[24] Batch [600]    Speed: 109.14 samples/sec     Train-Perplexity=217.670149
2017-08-07 18:02:12,390 Epoch[24] Batch [650]    Speed: 96.10 samples/sec      Train-Perplexity=213.295806
2017-08-07 18:02:26,948 Epoch[24] Batch [700]    Speed: 109.91 samples/sec     Train-Perplexity=209.617196
2017-08-07 18:02:41,578 Epoch[24] Batch [750]    Speed: 109.37 samples/sec     Train-Perplexity=230.917028
2017-08-07 18:02:56,664 Epoch[24] Batch [800]    Speed: 106.07 samples/sec     Train-Perplexity=212.407684
2017-08-07 18:03:10,766 Epoch[24] Batch [850]    Speed: 113.45 samples/sec     Train-Perplexity=235.661218
2017-08-07 18:03:26,789 Epoch[24] Batch [900]    Speed: 99.86 samples/sec      Train-Perplexity=211.954683
2017-08-07 18:03:41,078 Epoch[24] Batch [950]    Speed: 111.98 samples/sec     Train-Perplexity=214.048537
2017-08-07 18:03:54,023 Epoch[24] Batch [1000]   Speed: 123.59 samples/sec     Train-Perplexity=231.592416
2017-08-07 18:04:08,684 Epoch[24] Batch [1050]   Speed: 109.14 samples/sec     Train-Perplexity=226.202681
2017-08-07 18:04:23,121 Epoch[24] Batch [1100]   Speed: 110.83 samples/sec     Train-Perplexity=205.277128
2017-08-07 18:04:38,552 Epoch[24] Batch [1150]   Speed: 103.69 samples/sec     Train-Perplexity=202.121349
2017-08-07 18:04:51,305 Epoch[24] Batch [1200]   Speed: 125.48 samples/sec     Train-Perplexity=229.768568
2017-08-07 18:05:05,085 Epoch[24] Batch [1250]   Speed: 116.10 samples/sec     Train-Perplexity=208.425657
2017-08-07 18:05:20,407 Epoch[24] Batch [1300]   Speed: 104.43 samples/sec     Train-Perplexity=218.296672
2017-08-07 18:05:22,457 Epoch[24] Train-Perplexity=231.005402
2017-08-07 18:05:22,457 Epoch[24] Time cost=377.273
2017-08-07 18:05:37,036 Epoch[24] Validation-Perplexity=230.341161
```

图 5-23 第 25 次迭代

接着进行实验测试部分，具体代码如下所示：

```
//获取测试数据集
test_sent,_ = tokenize_text("./data/ptb.valid.txt",
                                      vocab = vocab,
                                      start_label = start_label,
invalid_label = invalid_label)
# 在 test_iter上运行模型并且用评估矩阵计算分数
test_iter = mx.rnn.BucketSentenceIter(test_sent,args.batch_size,
                                      buckets = buckets,
                                      invalid_label = invalid_label)
per
 = mx.metric.Perplexity(invalid_label)
model.score(test_iter, per)
print(per)
```

实验测试结果为 EvalMetric: {'Perplexity': 242.01100530039176}，在测试数据上的困难度为 240 左右，与最好的训练困难度比较接近，说明该模型能很好地应用在测试数据上。

最后对实验结果进行分析，从训练过程中可以看出，在进行第一次迭代的时候，Train-Perplexity 训练困难度大约是 5679，但在第一次迭代结束时 Train-Perplexity 训练困难度已经显著下降到 893，在验证集上的困难度 Validation-Perplexity 大约是 859，说明对数据的分析性能有很大的提升。在进行最后一次迭代时，Train-Perplexity 已经下降到 200 左右，在整个训练过程中困难度能够保持稳定，在 Validation-Perplexity 验证集上的困难度大约是 230，而且实验测试结果困难度也在 240 左右，与训练时最终的困难度非常接近。由此可见，通过一定次数的迭代训练之后，该模型对数据的分析性能也越来越好，训练的困难度越来越低，并能很好地应用于测试数据中。

CHAPTER 6

第6章 迁移学习

迁移学习通常指的是从一个特定的任务中得到先验知识（特征提取能力或分类模型）并迁移到不同的任务中，通过微调或冻结的迁移策略辅助完成相应任务。深度学习获得的特征具有很强的迁移能力。所谓特征迁移能力，指的是在 A 任务上学习到一些特征，在 B 任务上使用可以获得非常好的效果。例如，在目标识别上学习到的特征在场景分类任务上也能取得非常好的效果。目前，深度学习在多种目标分类和识别任务中取得了优于传统算法的结果，并产生了大量优秀的模型，使用迁移学习方法可将优秀的模型应用在其他任务中，通过替换输出分类层匹配的目标任务并调整网络参数来完成指定分类任务，在减少深度学习训练时间的前提下提升分类任务性能，同时降低对训练集规模的依赖。本章将通过迁移学习发展概述、迁移学习的类型与模型、迁移学习实例对迁移学习进行介绍与分析。

6.1 迁移学习发展概述

随着科技的不断发展和数据量的激增，机器学习在理论与实践上都得到了飞速发展，传统机器学习要求数据的生成机制不随环境的变化而变化，而这一严格假设往往在各个应用领域中难以成立。由于迁移学习放宽了传统机器学习中训练数据和测试数据必须服从独立分布的约束，使其能够挖掘在两个不同但又彼此存在联系的数据集之间的本质结构与信息，从而实现先验知识的迁移和复用。

在传统的迁移学习中，基于特征的迁移学习方法最受关注，这种方法是把源域和目标域的特征映射到一个共同的潜在特征空间，在这个特征空间中不同域的数据近似拥有相同的数据分布，从而使得在源域上训练的分类器具有更好的分类效果。Pan 和 Yang 根据源领域和目标领域样本是否标注及任务是否相同对迁移学习进行了划分。Shao 等人讨论了一种用于视觉分类的迁移学习方法，该方法映射源领域数据和目标领域数据到一个泛化的子空间内，其中目标领域数据可以被表示为一些源数据的组合，通过在迁移过程中加入低秩约束来保持源领域和目标领域的结构。

随着大数据的发展和计算能力的增强，深度学习迎来了又一个春天，成为当今热门的研究领域之一。近些年，研究者们致力于将深度学习与迁移学习相结合以研究新的方法的可用性。Shin 等人使用迁移学习的卷积神经网络（CNN）辅助 CT 图像的分类和识别，获得了更高的分类准确率，证明了迁移学习的可行性。Zeiler M D 对卷积神经网络提取的特征进行反卷积，重构出对应的输入刺激，通过分析重构模型，探索图片中刺激网络产生具体特征的部分，从而探索深度学习的泛化性特征。Jiang 等人认为基于特征选择的迁移学习方法就是识别出源领域与目标领域中共有的特征表示，与样本类别高度相关的那些特征应该在训练得到的模型中被赋予更高的权重，然后利用这些特征进行知识迁移。Oquab 提出了一种新的迁移学习方法，将从大数据集上学习的 CNN 作为目标集的底层和中层特征提取器，并修改最后的全连接层为自适应特征层。Long M 等人证明了深度特征的可迁移性在高层中随着域差异而显著下降，因此，减少数据集的偏差和加强特定任务层的迁移非常重要，他们提出了深度学习的域适应，以保证学习迁移特征和减少分类误差。Tajbakhsh 等人的进一步分析表明，深度微调在性能提升方面优于浅度微调，而训练集尺寸的降低也使得微调的重要性进一步提高。

6.2 迁移学习的类型与模型

迁移学习的核心是从现有的相关学习领域中学到大量的先验知识，将这些先验知识从源领域迁移到目标学习领域，用来帮助目标学习领域进行学习。本节将分别从训练策略和训练结构出发对深度学习模型下的迁移学习进行分类和介绍。

6.2.1 冻结源模型与微调源模型

近几年，在深度学习不断发展的背景下，迁移学习得到进一步的发展。影响迁移学习训练策略的因素多种多样，但最重要的三个是新目标数据集的大小、新目标数据集与源数据集之间的相似程度以及源模型中参数的个数，根据这三个因素可以将迁移学习模型分为冻结源模型和微调源模型。

冻结源模型是指对于固定迁移过来的模型参数，在新任务的训练过程中只改变后面随机初始化的学习层参数。当模型参数较多并且新目标数据集与源数据集之间的相似程度较高时，一般首选冻结源模型。

微调源模型是指在训练过程中微调迁移的学习层参数。当数据集大、新目标数据与源数据之间相似度不高时，要想得到较高的准确度，对迁移模型进行微调是重要且必要的。

迁移学习原理图如图 6-1 所示。

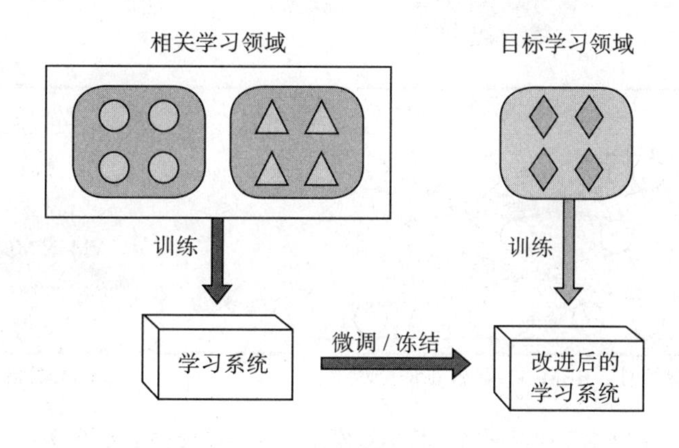

图 6-1　迁移学习原理图

6.2.2 神经网络迁移学习模型与分类器迁移学习模型

根据目标模型的类型将模型结构分为神经网络模型与分类器模型，神经网络模型即用目标训练集训练经过源模型初始化的神经网络后再经过 Softmax 层进行分类，而分类器模型是指用源模型对目标数据集进行特征提取，用提取出的特征训练分类器（如支持向量机 SVM、多层感知器 MLP）。

分类器模型如图 6-2 所示。分类器模型迁移学习的一般流程是：

（1）首先利用相关领域的大型数据集对卷积神经网络进行训练形成迁移学习中的源模型。

（2）将源模型当作特征提取器对新的目标数据集特征进行提取。

（3）用提取后的特征（即图 6-2 中椭圆圈起的全连接层特征）训练目标任务中的分类器（SVM 或 MLP），从而得到分类结果。

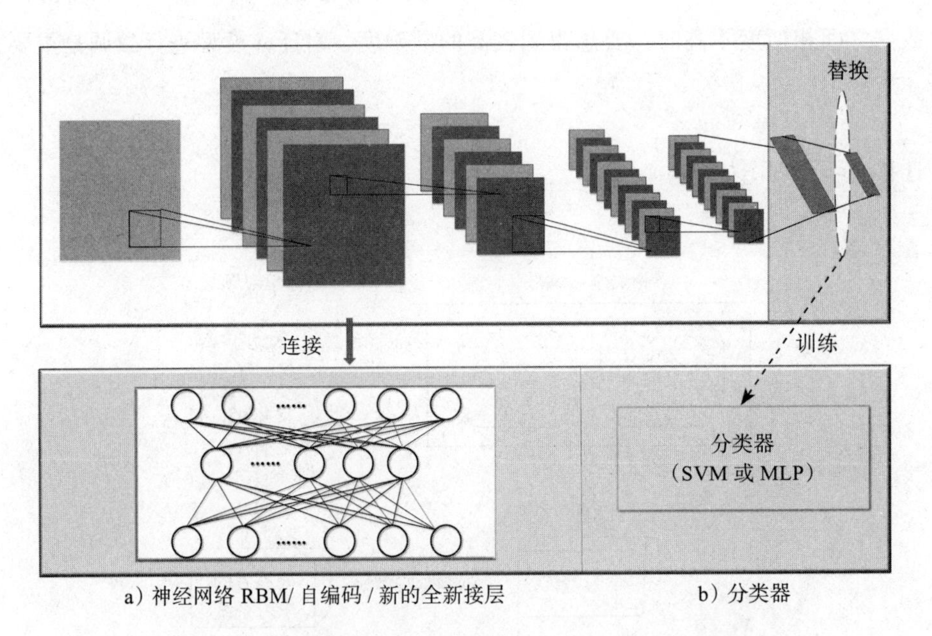

图 6-2　神经网络迁移学习模型与分类器迁移学习模型

神经网络模型如图 6-2a 所示。神经网络模型迁移学习的一般流程是：

1）首先利用相关领域的大型数据集对 CNN 模型进行预训练。

2）在得到各层的初始参数后，将此卷积神经网络模型去掉全连接层后迁移至目标模型中，目标模型即由源模型的卷积层与神经网络（受限玻耳兹曼机 RBM/ 自编码 / 新的全连接层等）连接后形成的。换句话说，即将源模型中的全连接层替换为目标任务中所需的神经网络模型（RBM/ 自编码 / 新的全连接层等）。

3）用目标数据集训练目标模型，最终完成对目标图像的分类任务。

6.3 迁移学习方法实例指导

本节将通过实例介绍深度学习模型下的迁移学习。该实例在 Keras 下运行，以 VGG-16 作为源模型，ImageNet 数据集作为源数据集，2000 张猫狗图像（如图 6-3 所示）作为目标训练集，目标模型如图 6-4 所示，指的是去掉全连接层后的 VGG-16 卷积层与新的全连接层的连接结构，其中新的全连接层是根据目标任务（猫狗二分类）所构建的，源模型中 VGG-16 的全连接层用于将图像分为 1000 类，而目标模型中新构建的全连接层用于对猫狗图像进行二分类。之后，分别从运行时间与分类精度方面对实验结果进行分析，从而证明迁移学习的有效性。

目标模型分为两部分：第一部分利用目标模型中 VGG-16 卷积层对目标训练集进行特征提取；第二部分使用提取的底层特征训练新的全连接神经网络，最终输出二分类结果。

6.3.1 迁移学习应用示例

假设目前有 2000 张图片构成的数据集，数据集由两个类别（分别为猫类和狗类）组成，每类 1000 张（同时拥有额外的 800 张图片用于验证）。面对这样的小数据集，想要得到较准确的分类效果，迁移学习将会是一种比较合适的选择。总体的实现思路就是将 VGG-16 从 ImageNet 数据集上获得的先验知识（深度学习模型）迁移到现有的小数据集下的猫狗分类任务中。具体步骤如下。

第一步：构造目标训练数据集与目标验证数据集。

Kaggle 数据集是 2010 年公开的，主要为开发商和数据科学家提供举办机器学习竞赛、托管数据库等任务。从 Kaggle 数据集（其中包含 12 500 只猫的图像和 12 500 只狗的图像）中取各类的前 1000 张图片作为训练集，另外每类各取 400 张共取 800 张作为验证集。如图 6-3 所示是数据集中的一些示例图片。

图 6-3　Kaggle 数据集中的猫狗示例图片

主要代码如下所示：

```
#获得训练数据集
train_data_dir = 'data/train'
#获得验证数据集
validation_data_dir = 'data/validation'
#训练样本设定为 2000
nb_train_samples = 2000
#验证样本设定为 800
nb_validation_samples = 800
epochs = 50
#每次训练和梯度更新块的大小为 16
batch_size = 16
```

第二步：使用 VGG-16 模型对构建的训练集和验证集进行特征提取并保存至指定文件。VGG-16 模型的参数是在 Keras 的 application 包中已经保存的，使用函数 applications.VGG16(include_top=False, weights='imagenet') 直接获取模型卷积层权重。将提取的训练集和验证集的特征分别保存在 bottleneck_features_train.npy 和 bottleneck_features_validation.npy 文件中。

具体的代码实现如下所示：

```
def save_bottlebeck_features():
    # 图片预处理，将图像进行缩放
    datagen = ImageDataGenerator(rescale=1. / 255)
    # 获取在 ImageNet 数据集上取得较优结果的 VGG-16 模型的卷积层权重
    model = applications.VGG16(include_top=False, weights='imagenet')
    # 使用数据迭代器获取指定路径下的训练集
    generator = datagen.flow_from_directory(
                                    train_data_dir,
                                    target_size=(img_width, img_height),
                                    batch_size=batch_size,
                                    class_mode=None,
                                    shuffle=False)
# 使用 VGG-16 模型提取训练集特征
bottleneck_features_train = model.predict_generator(
                            generator,
                            nb_train_samples // batch_size)
# 将提取得到的训练集特征保存在 'bottleneck_features_train.npy' 中
np.save(open('bottleneck_features_train.npy', 'w'),
                                bottleneck_features_train)
# 使用数据迭代器获取指定路径下的验证集
generator = datagen.flow_from_directory(
                                validation_data_dir,
                                target_size=(img_width, img_height),
                                batch_size=batch_size,
                                class_mode=None,
                                shuffle=False)
# 使用 VGG-16 模型提取验证集特征
bottleneck_features_validation = model.predict_generator(
                            generator, nb_validation_samples // batch_size)
# 将提取得到的验证集特征保存在 'bottleneck_features_validation.npy' 中
np.save(open('bottleneck_features_validation.npy', 'w'),
                            bottleneck_features_validation)
# 调用新模型特征提取函数
save_bottlebeck_features()
```

第三步：如图 6-4 所示，构建新的全连接层实现目标任务中猫狗二分类问题。使用上一步获取得到的训练特征集和验证特征集训练新构建的两层结构的全连接神经网络，输出层激活函数采用 sigmoid，设置随机隐退概率为 0.5，使用二值交叉熵函数作为损失函数进行训练。

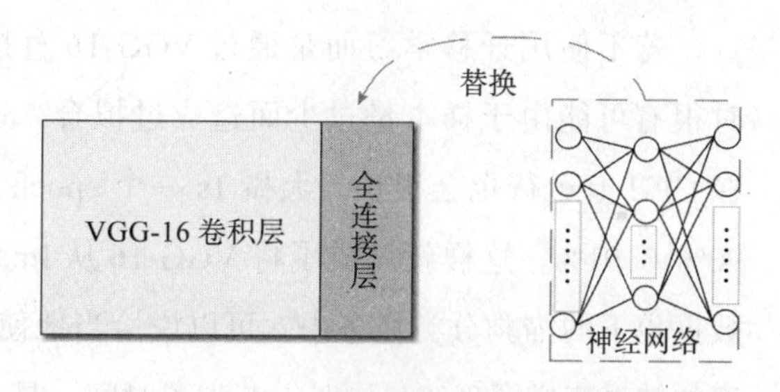

图 6-4　目标模型示意图

主要代码实现如下：

```
top_model_weights_path = 'bottleneck_fc_model.h5'
def train_top_model():
    # 加载已经保存的'bottleneck_features_train.npy'作为全连接层的训练数据集
    train_data = np.load(open('bottleneck_features_train.npy'))
    # 设定训练数据标签
    train_labels = np.array([0] * (nb_train_samples / 2) + [1] * (nb_train_
                  samples / 2))
    # 加载已经保存的'bottleneck_features_validation.npy'作为全连接层的验证数据集
    validation_data = np.load(open('bottleneck_features_validation.npy'))
    # 设定验证数据标签
    validation_labels = np.array([0] * (nb_validation_samples / 2) + [1]
                                  *(nb_validation_samples / 2))
    # 构建全连接层
    model = Sequential()
    # 在全连接之前进行扁平化
    model.add(Flatten(input_shape=train_data.shape[1:]))
    # 在第一层全连接，设置为64维，激活函数设置为relu
    model.add(Dense(256, activation='relu'))
    # 使用随机隐退策略防止过拟合
    model.add(Dropout(0.5))
    # 增加一个全连接层，因为用于解决二分类问题，所以设置输出维度为1
    # 输出层激活函数设置为sigmoid
    model.add(Dense(1, activation='sigmoid'))
    # 设置损失函数是二值交叉熵函数，优化策略选择rmsprop，验证方式为准确率
    model.compile(optimizer='rmsprop',
                  loss='binary_crossentropy', metrics=['accuracy'])
    # 网络开始训练
    model.fit(train_data, train_labels,
                epochs=epochs,
                batch_size=batch_size,
                validation_data=(validation_data, validation_labels))
    # 两层全连接网络权重保存
    model.save_weights(top_model_weights_path)
```

6.3.2 实验结论

若不使用迁移学习而是通过VGG-16直接对样本进行训练，不仅训练时间长，同时很有可能由于样本量过少而造成过拟合，通过迁移学习由于特征的容量很小，模型在CPU上运行也会很快，大概1s一个epoch，时间得到缩短的同时准确率也可保证在90%～91%。这样就完成了将VGG-16从ImageNet数据集上获得的先验知识迁移到小数据集下的猫狗分类任务中。可以说恰当地使用迁移学习不仅让小数据集训练出高准确率的结果变成了现实，同时也节省了时间，具有很高的研究价值。

CHAPTER 7

第 7 章

并行计算与交叉验证

如今，随着数据量的激增和计算能力的增强，深度学习在国内外产业界与学术界掀起一阵狂潮。然而，随着深度学习模型中网络层数的不断加深、参数的增多、计算量的加大，这些问题所带来的计算速度慢、消耗资源多的问题逐渐成为不可忽视的挑战，在这种情况下加快训练速度变得十分重要，而并行计算和交叉验证就是加快训练速度和保证训练精度的有效方法。

本章将在深度学习的背景下分别对并行计算和交叉验证这两种方法进行详细介绍。

7.1 并行计算

本节将对深度学习背景下的并行计算模型进行介绍与分析，并行计算是提高训练速度、保证训练精度的有效方法之一，并且这种思想被广泛应用于深度学习模型的硬件运用以及模型框架中，其中 GPU 加速能力就运用到了并行计算的思想。GPU 加速中的重要思想“矢量化编程”是提高算法速度的一种有效方法。为了提升特定数值运算操作（如矩阵相乘、矩阵相加、矩阵 – 向量乘法等）的速度，矢量化编程强调单一指令并行操作多条相似数据，形成单指令流多数据流的编程泛型。通过并行计算以实现最终的加速目的。

本节将重点从模型结构出发对目前深度学习主要采用的三类并行化框架进行介绍，这三种框架分别为数据并行、模型并行和混合模型。

7.1.1 数据并行框架

数据并行是指划分训练数据集以形成多个数据分片，采用多个模型实例（在这里称为节点）对这些数据分片进行并行训练，如图 7-1 所示，其具体过程为：1）每个节点作为模型中的基本单位，各自训练模型，互相独立，多个节点间并行训练；2）各个节点间通过参数服务器实现模型参数的交换（更新），从而完成新模型的更新为下一次迭代做准备。即首先由每个节点将各自训练所得的权重增量 Δw 以及偏置 Δb 发送给参数服务器，再由参数服务器通过计算 $w'=w-\eta\cdot\Delta w$、$b'=b-\eta\cdot\Delta b$，来完成对参数的更新进而形成新的模型。其中 w' 和 b' 分别表示更新后的权重与偏置，η 为学习率。将更新后的参数 w' 与 b' 返回到各个节点以进行下一次迭代。

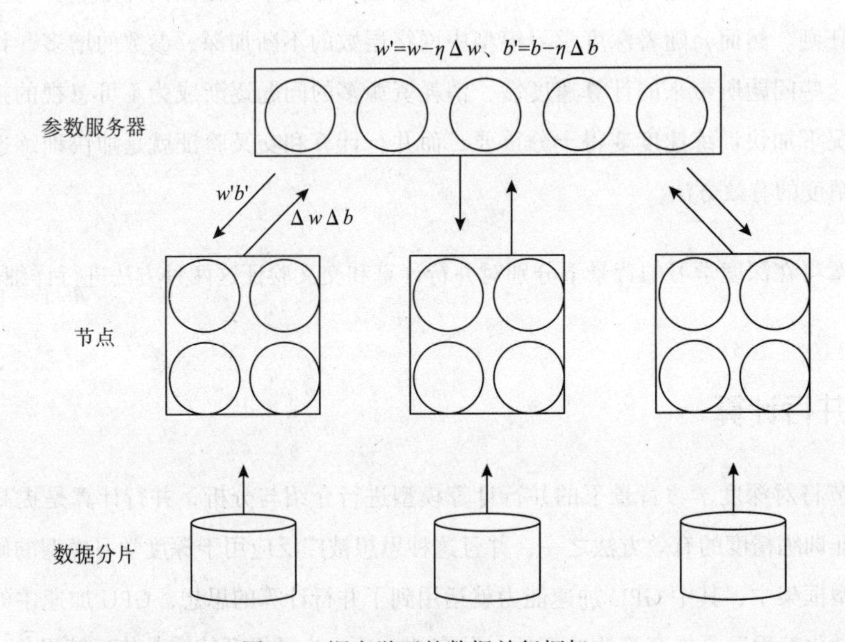

图 7-1 深度学习的数据并行框架

数据并行通常分为两种类型，分别为同步模式与异步模式。同步模式是指在同一次迭代内，所有的节点同时开始训练同一批次的数据，等所有节点训练完成后将训练所得的权重增量与偏置增量同时传给参数服务器，当所有的节点将各自的模型更新后，再同时进入下一次迭代；异步模式与同步模式的不同之处在于，在异步模式中当有一个节点完成自身的训练任务之后，该节点将会立刻与参数服务器交换参数而不考虑其他节点的状态，异步模式中一个训练程序的最新结果不会立刻体现在其他训练程序中，直到进行下次参数交换。

7.1.2 模型并行框架

模型并行是指当模型规模较大以至于内存无法容纳该模型时，需要将该模型拆分成几个分片，每个分片持有部分模型，各个分片之间共同协作已完成训练。如图 7-2 所示为该模型被划分为 4 个分片，当不同分片内的神经元进行交互时，将产生通信开销。

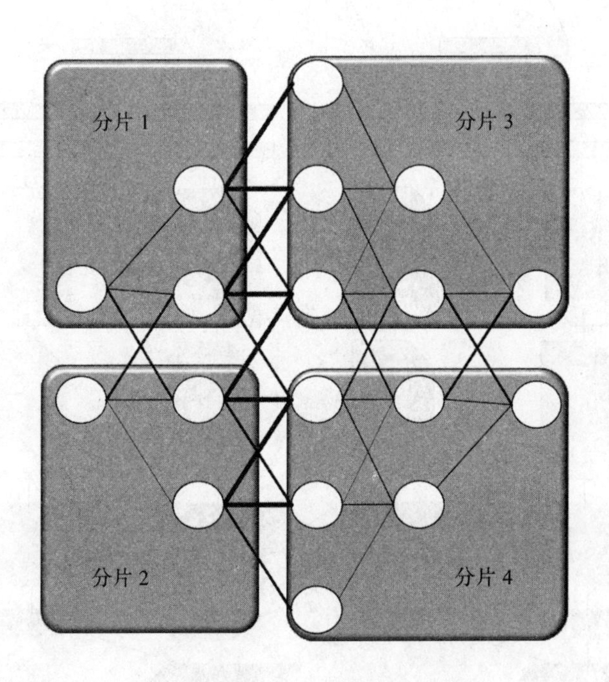

图 7-2 深度学习的模型并行框架

7.1.3 数据并行与模型并行的混合架构

在大多数情况下，模型并行所带来的通信开销以及同步开销均超过数据并行，但对于单机内存无法容纳的大规模模型，光凭数据并行是不能解决问题的。并且数据并行与模型并行是不能无限扩展的，当数据并行的训练程序太多时，为保证训练过程的平稳就有必要降低学习率；当模型并行的分片太多时，会造成神经元输出值的交换量急剧增加以至于效率大幅下降。因此，可以将数据并行与模型并行相结合，以缓解这些问题。如图 7-3 所示为混合架构的结构图，4 个 GPU 组成两个工作组，其中 GPU1、GPU2 组成工作组 1，GPU3、GPU4 组成工作组 2，形成一种工作组内采用模型并行方案、工作组间采用数据并行方案的混合结构。一个批次的数据结束后同色的 GPU 之间交换模型参数。

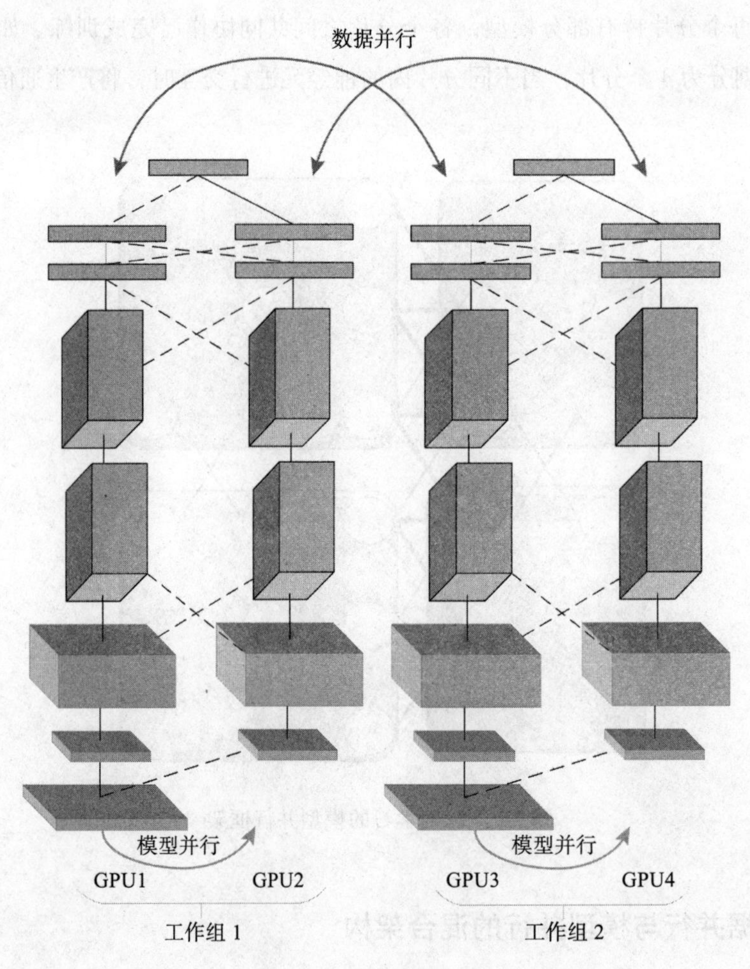

图 7-3　数据并行与模型并行的混合架构[⊖]

⊖ 该彩色插图可从华章网站（www.hzbook.com）下载查阅。

7.2 交叉验证

作为提高训练速度、保证训练精度的另一种有效的方法，交叉验证在深度学习中得到了广泛的应用。交叉验证（Cross Validation，CV）也称作循环估计（Rotation Estimation），是一种统计学上将数据样本切割成较小子集的实用方法，可以先在一些子集上作分析，而其他子集则用来做后续对此分析的验证及测试，一开始的子集被称为训练集，而其他子集则被称为验证集或测试集。

交叉验证对于人工智能、机器学习、模式识别、分类器等研究都具有很强的指导与验证意义。其基本思想是在某种意义下将原始数据集（dataset）进行分组，一部分作为训练集（train set），另一部分作为验证集（validation set 或 test set），首先用训练集对分类器进行训练，再利用验证集来测试训练得到的模型（model），以此作为评价分类器的性能指标。其中 K 折交叉验证使用得最多。

本节将对常见的交叉验证方法——留出法、K 折交叉验证、留一交叉验证进行详细介绍。

7.2.1 留出法

方法：将原始数据随机分为两组，一组作为训练集，另一组作为验证集，利用训练集训练分类器，然后利用验证集验证模型，记录最后的分类准确率作为留出法（Hold-Out Method）下分类器的性能指标。

优点：处理简单，只需随机把原始数据分为两组即可。

缺点：严格意义来说留出法并不能算是 CV，因为这种方法没有达到交叉的思想，由于是将原始数据随机分组，最后验证集分类准确率的高低与原始数据的分组有很大关系，所以这种方法得到的结果其实并不具有说服性。主要原因是训练集样本数太少，通常不足以代表原始数据的分布，导致测试阶段辨识率容易出现明显落差。此外，留出法中一分为二的分割方法变异度大，往往无法达到“实验过程必须可以被复制”的要求。图 7-4

是留出法的示意图。

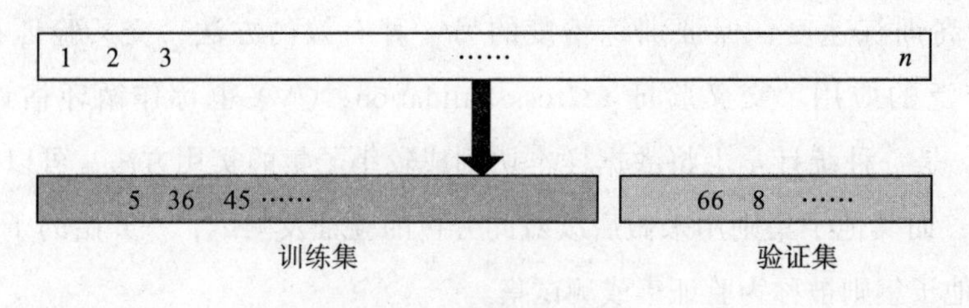

图 7-4　留出法的示意图

7.2.2　*K* 折交叉验证

方法：将原始数据分成 *K* 组子集（一般是均分），将每个子集数据分别做一次验证集，其余的 *K*−1 组子集数据作为训练集，这样会得到 *K* 个模型，用这 *K* 个模型最终的验证集分类准确率的平均数作为 *K* 折交叉验证（*K*-CV）下分类器的性能指标。*K* 一般大于或等于 2，实际操作时一般从 3 开始取，只有在原始数据集合数据量小的时候才会尝试取 2。Li Liu 等人为了获得更可靠的评价，为每一个新的 GP 树使用十倍交叉验证估计 SVM 的识别精度。Wei Shen 等人使用 5 折交叉验证评估恶性肿瘤的可疑性、精细度、边缘和结节直径分类性能，在实验中，三折作为训练集，一折用作验证集，剩下用作测试集。

优点：*K*-CV 可以有效地避免过学习以及欠学习状态的发生，最后得到的结果也比较具有说服性。

缺点：在 *K* 值选取上存在问题。*K* 越大，每次投入的训练集的数据越多，模型的偏差越小。但是 *K* 越大，意味着每一次选取的训练集之间的相关性越大（考虑最极端的例子，当 *K*=*N*，也就是在留一交叉验证里，每次的训练数据几乎是一样的）。而这种大相关性会导致最终的测试误差具有更大的方差。根据经验一般选择 *K*=5 或 10。如图 7-5 所示为 10 折交叉验证示意图。

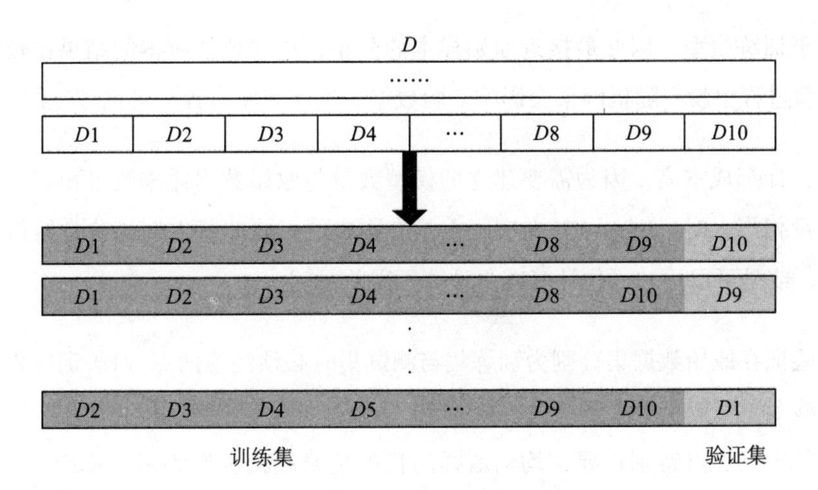

图 7-5 10 折交叉验证示意图

7.2.3 留一交叉验证

方法：设原始数据有 N 个样本，那么留一交叉验证（Leave-One-Out Cross Validation，LOO-CV）就是 N-CV，即每个样本单独作为验证集，其余的 $N-1$ 个样本作为训练集，所以 LOO-CV 会得到 N 个模型，用这 N 个模型最终验证集的分类准确率的平均数作为 LOO-CV 分类器的性能指标，如图 7-6 所示。

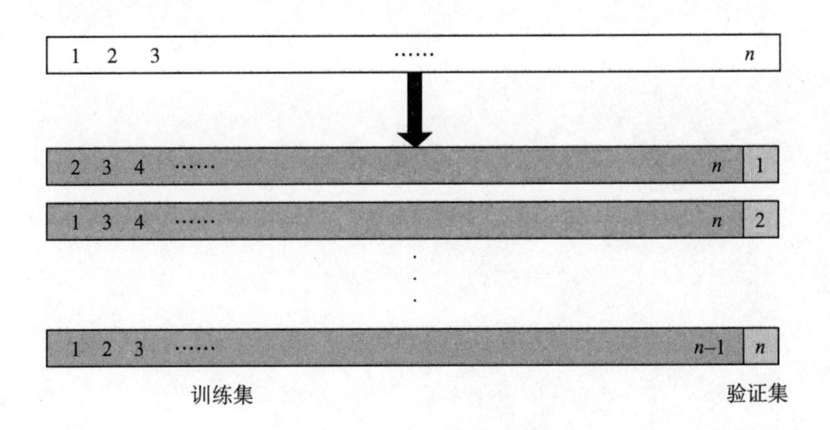

图 7-6 留一交叉验证示意图

优点：相比于 K-CV，LOO-CV 有两个明显的优点。第一，每一回合中几乎所有的样本都用于训练模型，因此最接近原始样本的分布，这样评估所得的结果比较可靠。第二，在实验过程中没有随机因素会影响实验数据，确保实验过程是可以被复制的。

缺点：计算成本高，因为需要建立的模型数量与原始数据样本数量相同，当原始数据样本数量相当大时，LOO-CV 在实际上是有困难的，除非每次训练分类器得到模型的速度很快，或是可以用并行化计算减少计算所需的时间。

交叉验证在原始数据集分割为训练集与测试集时必须注意两点：1）训练集中样本数量必须足够多，一般至少大于总样本数的 50%。2）训练集和测试集必须从数据集合中均匀取样。其中第 2 点特别重要，均匀取样的目的是希望减少训练集 / 测试集与完整集合之间的偏差。一般的做法是随机取样，当样本数量足够时，便可达到均匀取样的效果。

参考文献

[1] He K, Zhang X, Ren S, et al. Deep Residual Learning for Image Recognition [J]. 2015:770-778.

[2] R Girshick, J Donahue, T Darrell,et al. Rich Feature Hierarchies for Accurate Object Detection and Semantic Segmentation [C]. In CVPR, 2014.

[3] He K, Zhang X, Ren S, et al. Spatial Pyramid Pooling in Deep Convolutional Networks for Visual Recognition [J]. IEEE Transactions on Pattern Analysis & Machine Intelligence, 2015, 37 (9): 1904.

[4] Girshick R. Fast R-CNN [J]. Computer Science, 2015.

[5] Ren S, He K, Girshick R, et al. Faster R-CNN: Towards Real-Time Object Detection with Region Proposal Networks [J]. IEEE Transactions on Pattern Analysis & Machine Intelligence, 2017, 39 (6): 1137-1149.

[6] Hal Daumé I, Marcu D. Domain Adaptation for Statistical Classifiers [J]. Journal of Artificial Intelligence Research, 2011, 26 (1): 101-126.

[7] Park J, Javier R J, Moon T, et al. Micro-Doppler Based Classification of Human Aquatic Activities via Transfer Learning of Convolutional Neural Networks[J]. Sensors, 2016, 16 (12): 1990.

[8] 龙明盛 . 迁移学习问题与方法研究 [D]. 北京：清华大学，2014.

[9] Margolis A. A Literature Review of Domain Adaptation with Unlabeled Data [J]. Tec Report, 2011.

[10] Pan S J, Yang Q. A Survey on Transfer Learning[J]. IEEE Transactions on Knowledge & Data Engineering, 2010, 22 (10): 1345-1359.

[11] Shao M, Kit D, Fu Y. Generalized Transfer Subspace Learning Through Low-rank Constraint [J]. International Journal of Computer Vision, 2014: 1-20.

[12] Shin H C, Roth H R, Gao M, et al. Deep Convolutional Neural Networks for Computer-Aided Detection: CNN Architectures, Dataset Characteristics and Transfer Learning [J]. IEEE Transactions on Medical Imaging, 2016, 35 (5): 1285-1298.

[13] Zeiler M D, Fergus R. Visualizing and Understanding Convolutional networks [M] //Computer Vision–ECCV 2014. Germany: Springer International Publishing, 2014: 818-833.

[14] Jiang J, Zhai CX. A Two-stage Approach to Domain Adaptation for Statistical Classifiers[C]// In Proc. of the 16th ACM Conf. on Information and Knowledge Management. New York: ACM Press, 2007: 401-410.

[15] Oquab M, Bottou L, Laptev I, et al. Learning and Transferring Mid-level Image Representations Using Convolutional Neural Networks [C] // 2014 IEEE Conference on Computer Vision and Pattern Recognition (CVPR). USA: IEEE Computer Society, 2014: 1717-1724.

[16] Long M, Cao Y, Wang J, et al. Learning Transferable Features with Deep Adaptation Networks[J]. Computer Science, 2015:97-105.

[17] N Tajbakhsh, et al. Convolutional Neural Networks for Medical Image Analysis: Full Training or Fine Tuning [J]. IEEE Trans. Med. Imag.,2016,35(5): 1299–1312.

[18] Li L, Shao L, Li X, et al. Learning Spatio-Temporal Representations for Action Recognition: A Genetic Programming Approach [J]. IEEE Transactions on Cybernetics, 2016, 46 (1): 158.

[19] Shen W, Zhou M, Yang F, et al. Multi-crop Convolutional Neural Networks for Lung Nodule Malignancy Suspiciousness Classification [J]. Pattern Recognition, 2017, 61 (61): 663-673.

[20] Re-implement Kaiming He's Deep Residual Networks in Tensorflow. Can Be Trained with Cifar10 [EB/OL].https://github.com/wenxinxu/resnet-in-TensorFlow.

[21] TensorFlow（官方文档中文版）[EB/OL]. http://wiki.jikexueyuan.com/project/TensorFlow-zh/.

[22] TensorFlow 实战 10：ResNet 实现及时间测评 [EB/OL]. http://blog.csdn.net/felaim/article/details/69759183.

[23] Python（计算机程序设计语言）[EB/OL].https://baike.baidu.com/item/Python/407313?fr=aladdin#7.

[24] Python 模块 [EB/OL]. http://www.runoob.com/python/python-modules.html.

[25] Getting Started with Torch: Installing Torch [EB/OL]. http://torch.ch/docs/getting-started.html.

[26] Lua 基本语法 [EB/OL]. http://www.runoob.com/lua/lua-basic-syntax.html.

[27] Torch7 神经网络包的用法 [EB/OL]. http://blog.csdn.net/hungryof/article/details/52022415.

[28] Torch7 深度学习教程 [EB/OL]. http://blog.csdn.net/u010946556/article/details/51332644.

[29] Deep Learning with Torch[EB/OL]. https://github.com/soumith/cvpr2015/blob/master/Deep%20Learning%20with%20Torch.ipynb.

[30] R-CNN 论文详解 [EB/OL]. http://blog.csdn.net/wopawn/article/details/52133338.

[31] Fast R-CNN 论文详解 [EB/OL]. http://blog.csdn.net/WoPawn/article/details/52463853.

[32] MXNet GitHub [EB/OL]. https://github.com/apache/incubator-mxnet.

[33] 机器学习库初探之 MXNet[EB/OL]. http://lucianlv.blog.51cto.com/9871307/1812733.

[34] MXNet 中文文档 [EB/OL]. http://github.com/apache/incubator-mxnet/issues/797.

[35] Understanding LSTM Networks[EB/OL]. http://colah.github.io/posts/2015-08-Understanding-LSTMs/.

[36] Bucketing in MXNet Bucket[EB/OL]. http://mxnet.io/how_to/bucketing.html.

[37] Bucket RNN 分析和实现 [EB/OL]. http://shuokay.com/2016/11/06/mxnet-bucket-rnn/.

[38] 在 MXNet 中使用 Bucketing[EB/OL]. http://blog.csdn.net/xuezhisdc/article/details/54927869.

[39] 循环神经网络介绍 [EB/OL]. http://blog.csdn.net/heyongluoyao8/article/details/48636251.

[40] [NLP] MXNet 与 TensorFlow 的自然语言处理应用 [EB/OL]. http://www.jianshu.com/p/97494911d88f.

[41] LSTM 神经网络输入输出究竟是怎样的？ [EB/OL]. https://www.zhihu.com/question/41949741.

[42] NLP | 自然语言处理——语法解析 [EB/OL]. http://blog.csdn.net/lanxu_yy/article/details/37700841.